과학발명대회

과학발명대회
초판발행 | 2025년 01월 17일
저자 | 박진국
발행인 | 주식회사 생수의 강
편집인 | 우현
발행처 | 리얼숲(REAL SOUP)

등록번호 | 제2017-000119호
부산시 중구 흑교로17번길 15, 2층
전화 | 02-536-2046
팩스 | 02-333-8326 (주문)
메일 | realsoup1@naver.com

ⓒ 리얼숲
정가 : 20,000원
ISBN : 979-11-977793-4-3 53400

진국소장님과 함께하는 무한코칭

너도나도 가능한
과학발명대회
전국학생과학발명품경진대회

리얼숲출판사

서문

〈너도 나도 가능한 발명대회 책〉은 과학발명대회를 준비하는 모든 이들을 위한 친절한 길잡이가 될 것입니다. 발명에 대한 지식이 부족한 학생들부터, 이미 여러 대회에 도전해본 경험이 있는 참가자들까지, 이 책을 통해 발명 대회 준비의 모든 과정에서 쉽게 필요한 정보를 얻을 수 있습니다. 발명 대회 준비는 단순한 창의력을 넘어서, 체계적인 접근과 전략이 필요합니다. 이 책은 그런 과학발명 대회를 준비하는 데 필요한 꿀팁과 실제적인 조언을 제공합니다.

Part 1에서는 발명 대회를 준비하는 데 있어 가장 중요한 팁들을 소개합니다.

Part 2와 Part 3에서는 각종 발명 대회의 요강과 이를 대비하기 위한 전략을 다루어, 참가자가 자신에게 맞는 대회를 선택하고, 준비하는 데 필요한 방향을 제시합니다.

Part 4와 Part 5에서는 실제로 발명 대회에 제출한 다양한 작품들의 요약서와 설명서 예시를 통해, 어떤 식으로 작품을 제출해야 하는지 실질적인 가이드를 제공합니다.

Part 6에서는 작품 요약서와 설명서를 작성하는 구체적인 방법을 알려드립니다.

또한 Part 7과 Part 8은 발명의 기초부터 실전까지 깊이 있는 이론과 실습을 제공합니다. 마지막으로 Part 9에서는 다양한 분야에서 영감을 얻을 수 있는 발명 아이디어들을 모았습니다.

이 책은 발명 대회를 준비하는 과정에서 필요한 모든 자료와 정보를 체계적으로 제공하여, 여러분이 대회에서 성공할 수 있도록 돕기 위해 만들어졌습니다. 발명은 누구나 할 수 있고, 창의력을 발휘하면 그만큼 많은 성과를 얻을 수 있습니다. 이 책이 여러분의 창의적인 아이디어를 현실로 만드는 데 큰 도움이 될 것이라 확신합니다.

여러분이 이 책을 통해 발명 대회에 참가하여 멋진 결과를 얻기를 바랍니다. 성공적인 발명의 세계로 나아가는 첫 걸음을 함께하겠습니다.

목차

Part 1. 과학발명대회를 위한 꿀팁!_ 006

Part 2. 각종 발명 대회 요강 안내_ 009

Part 3. 각종 발명 대회에 따른 대비 전략_ 012

Part 4. 발명대회에 제출한 다양한 작품 요약서 예시_ 016

Part 5. 발명대회에 제출한 다양한 작품 설명서 예시_ 036

Part 6. 과학발명대회 작품 요약서 및 설명서 작성법_ 052

Part 7. 발명기초특강_ 056

Part 8. 발명실전특강_ 069

Part 9. 분야별 다양한 과학발명 아이디어 모음_ 075

♣ 〈Realsoup 영재아카데미〉 수업 안내 _ 118

Part 1. 과학발명대회를 위한 꿀팁!

다음은 과학 발명대회를 준비하며 창의력을 키우고 실질적인 성과를 낼 수 있는 팁과 그에 따른 구체적인 실천 방법 및 예시입니다.

1. 생활 속 관찰과 호기심을 통한 발견하기

가. 팁: 일상생활에서 주변 환경과 사람들의 행동을 주의 깊게 관찰하세요. 특히 사람들이 불편함을 느끼거나 자주 반복적으로 사용하는 물건과 상황을 주의 깊게 보세요. 작은 불편이나 흥미로운 현상을 기록하는 습관을 들이면 문제를 발견하고 해결책을 발명하는 데 도움이 됩니다.

나. 방법:
1) 매일 주변에서 자주 일어나는 일을 기록하는 노트를 준비합니다.
2) 평범해 보이는 물건의 사용 과정을 천천히 관찰하고, 개선할 부분을 생각해봅니다.
3) 친구나 가족에게 그들이 평소 겪는 불편함을 물어보며 아이디어를 얻습니다.

다. 예시:
1) 발견: 비 오는 날 신발이 젖어 곤란한 상황을 자주 목격.
2) 발명 아이디어: 자동 건조 기능이 있는 휴대용 신발커버 개발.
3) 실행 방법: 방수 소재와 열풍기를 결합한 간단한 시제품 제작.

2. 평소에 불편한 물건과 개선하고 싶은 점 메모하기

가. 팁: 일상에서 사용하는 물건 중 불편함을 느낄 때마다 메모하는 습관을 기르세요. 작은 불편함을 개선하는 아이디어가 혁신적인 발명이 될 수 있습니다. 개선하고 싶은 점을 적을 때는 구체적으로 어떤 점이 문제인지, 어떤 기능이 추가되면 좋을지를 적습니다.

나. 방법:
1) 매일 사용하는 물건이나 도구를 사용하면서 느낀 불편한 점을 빠르게 적습니다.
2) 아이디어를 떠올릴 때, 기존 물건의 형태를 바꾸거나 새로운 재료를 추가하는 방향으로 생각합니다.
3) 아이디어를 친구나 가족과 공유하며 더 나은 해결책을 함께 고민합니다.

다. 예시:
1) 메모: 스마트폰 충전 케이블이 쉽게 꼬이고 끊어진다.
2) 발명 아이디어: 내구성이 강화된 자기 정렬 케이블.
3) 실행 방법: 재활용 자석과 실리콘으로 자석 부착형 케이블 제작.

3. 과학적인 배경 지식과 주변의 문제 상황에 대한 관심 가지기

가. 팁: 물리, 화학, 생물 등 과학 분야의 기본 원리를 배우고, 이를 생활 속 문제와 연결해보세요. 특정 문제를 해결하려면 관련된 과학적 원리가 무엇인지 생각하는 습관을 가지는 것이 중요합니다.

나. 방법:

1) 문제를 발견하면 관련 과학 원리를 조사합니다. (예: 열전도, 전자기 유도, 광합성 등)

2) 과학 이론을 활용한 실제 사례를 공부하며 응용 가능성을 탐구합니다.

3) 주변 문제와 과학 원리를 연결하는 질문을 자주 던져보세요.

다. 예시:

1) 문제: 도시 지역에서 미세먼지 농도가 높아지는 문제.

2) 발명 아이디어: 공기 정화 기능이 포함된 스마트 마스크.

3) 실행 방법: HEPA 필터와 팬을 결합하여 간단한 시제품 제작.

4. 재활용품을 활용한 모형 만들기 연습하기

가. 팁: 재활용품을 사용하면 비용을 절감할 수 있고 환경도 보호할 수 있습니다. 여러 가지 재활용품을 활용해 다양한 모형을 만들어보면서 손재주와 발명 아이디어를 실험해볼 수 있습니다.

나. 방법:

1) 집안에서 사용하지 않는 플라스틱 병, 상자, 캔, 빨대 등을 모읍니다.

2) 발명 아이디어를 시각화한 뒤, 재활용품으로 간단한 모형을 만들어봅니다.

3) 모형 제작 후 작동 원리를 실험하고, 필요한 경우 디자인을 수정합니다.

다. 예시:

1) 발명품: 자동 급수 화분.

2) 재활용품 활용: 플라스틱 병, 빨대, 스펀지를 사용해 간단한 급수 시스템 제작.

3) 효과: 물 부족 문제 해결과 함께 화분 유지 관리 간소화.

5. 3D펜을 활용한 모형 만들기 연습하기

가. 팁: 3D펜을 사용하면 창의력을 발휘하여 입체적인 모형을 제작할 수 있습니다. 초기에 간단한 구조부터 연습해가며 점점 복잡한 설계를 시도해보세요.

나. 방법:

1) 3D펜 사용법을 배우고, 다양한 재료로 연습합니다.

2) 먼저 간단한 기하학적 모양(예: 삼각형, 사각형)을 만들어봅니다.

3) 실생활 물건과 연결된 모형(예: 스마트폰 거치대, 펜꽂이)을 설계하고 제작합니다.

다. 예시:

1) 발명품: 맞춤형 책상 정리 도구.

2) 실행 방법: 3D펜으로 펜 홀더, 노트 거치대를 설계하고 제작.

3) 효과: 개인 작업 공간의 정리와 활용성 증가.

6. 평소에 사용하는 물건들을 다양하게 변화시키는 연습하기

가. 팁: 기존 물건의 형태나 기능을 변화시키는 연습을 하면 창의력과 문제 해결 능력을 키울 수 있습니다. 물건의 재료나 구조를 다르게 적용하거나, 새로운 기능을 추가하는 방식으로 아이디어를 구체화합니다.

나. 방법:

1) 사용 중인 물건을 다른 용도로 활용할 방법을 생각해봅니다.

2) 물건의 구조를 바꾸거나 부품을 추가하여 새롭게 변형해봅니다.

3) 변화된 물건이 어떤 새로운 가치를 제공하는지 평가합니다.

다. 예시:

1) 변화: 기존 LED 손전등에 자석을 부착하여 금속 표면에 부착 가능하도록 설계.

2) 효과: 작업 중 손이 자유로워지는 실용적인 발명.

7. 추가 꿀팁

가. 아이디어 스케치하기: 떠오른 아이디어를 빠르게 시각화하여 발명 과정에서 방향성을 명확히 할 수 있습니다.

나. 발명 사례 분석하기: 기존의 성공적인 발명품을 연구하여 아이디어를 얻고, 자신만의 독창적인 개선안을 생각해보세요.

다. 발명 대회 심사 기준 확인: 독창성, 실용성, 기술적 구현 가능성 등 심사 기준에 맞춰 준비하세요.

이 방법들을 꾸준히 실천하면 실질적인 발명 결과물을 만들 수 있을 것입니다!

Part 2. 각종 발명 대회 요강 안내

1. 전국학생발명품경진대회

2025년 제46회 전국학생발명품경진대회 개최 공고

국립중앙과학관은 학생들의 창의적 아이디어를 계발하고 과학적 문제해결 능력을 배양하여 우수 과학인재 육성의 기반을 조성하기 위해「제46회 전국학생과학발명품경진대회」를 개최하오니 우수한 인재들의 많은 관심과 참여 바랍니다.　　　　　　　　　　　　　　　　　　　　　2025년 1월 8일　국립중앙과학관장

□ 대회 개요

구 분	제46회 전국학생과학발명품경진대회
대회목적	학생들의 창의적인 아이디어를 구체화하는 과정을 통해 문제해결 능력을 배양하고 발명활동 장려
주최/주관	과학기술정보통신부/국립중앙과학관, 동아일보
후 원	교육부, 환경부, 해양수산부, 중소벤처기업부, 특허청, 한국연구재단, 한국과학창의재단, 한국과학기술기획평가원, 에치와이사 예정
출품부문	3개(초, 중, 고) 분야, 자유주제
참여대상	전국 초·중·고 재학생
응모형태	학생 1인 (지도교원 1인 포함)
전국대회	7월~10월
시 상 수	대통령상, 국무총리상 등 301점

□ 대회 추진 일정

구 분	제46회 전국학생과학발명품경진대회
접 수	2025년 7월 2일(수), 09:00 ~ 18:00
서면 심사	2025년 7월 21일(월)　7월 30일(수)
작품 설치	2025. 8. 10.(일) ~ 8. 11.(월), 9:30 ~ 17:00
면담 심사	2025년 8월 12일(화)
심사 결과 발표	2025년 8월 28일(목), 12:00(정오)
작품 전시	2025년 8월 15일(금) ~ 8월 30일(토)
시상식	2025년 10월 15일(수)/국립중앙과학관 사이언스홀
지방 순회 전시	11~12월 중(약 3주간)

* 발명품경진대회 3개 분야 : 초등학생, 중학생, 고등학생
ㅇ 상기 일정은 주최/주관기관의 사정에 의해 변경될 수 있음 ㅇ 세부 사항은 대회별 개최 요강 참고 요망

□ 문의처: 국립중앙과학관 과학교육과
　　ㅇ 전국학생과학발명품경진대회: 042-601-7736

<작품 요약서> 양식

작품명			
출품분야	예시) 초등학교	출품번호	
구 분	성 명	소 속(학교)	학 년(직위)
출품자			
지도교원			

1. 발명(연구)동기 　가. 2. 작품내용 　가. 3. 제작결과 　가. 	작품 그림 또는 사진

작품 설명서 표지

출품번호

제46회 전국학생과학발명품경진대회

작 품 명

2025.   .   .

출품학생	
지도교원	
출품분야	예시) 초등학교

비고; 1) 출품분야는 초등학교·중학교·고등학교로 구분 명기
   2) A4용지 규격 30쪽 이내 좌철 제본용으로, 작품연구의 동기, 목적, 연구내용, 연구과정, 결론, 전망 및 활용성 등을 체계적으로 기술
   3) [작성요령] 작품대회·지도논문연구대회 작품설명서 작성요령 참고

Part 3. 각종 발명 대회에 따른 대비 전략

1. 발명 아이디어 대한 검증 1단계

가. 키프리스(특허정보검색서비스)

1) 사이트 주소; http://www.kipris.or.kr/khome/main.jsp

2) 활용방법

아이디어를 생각해 냈고, 이름과 대략적인 특징을 정했다면 키프리스(특허정보검색서비스)에 들어가서 검색창에 생각해 낸 발명품 이름을 적고, 유사한 것은 없는지를 찾습니다. 그리고 보고서 작성에 도움이 되기 위해서 혹시 유사한 것이 있을 때는 그 정보에 대한 내용 및 설계도를 복사해서 따로 정리해두고, 어떠한 점이 나의 아이디어와 유사하고 다른 지도 함께 분석하면 좋습니다.

나. 국립중앙과학관

1) 사이트 주소; https://www.science.go.kr/mps

2) 활용방법

국립중앙과학관 사이트에 들어가서 [특별전·행사]를 클릭하면 년도별 수상작들에 대한 작품 설명서와 요약서의 PDF파일을 볼 수 있습니다. 자주 여기에 들어가서 어떤 아이디어들이 어떤 상을 탔고, 또 어떤 발명들이 있는지를 본다면 도움이 될 것입니다. 또 발명아이디어를 만들었는데 여기에 검색해서 비슷하거나 유사한 발명품이 있다면 아무리 힘들게 낸 발명아이디어라고 해도 그래도 그 아이디어를 사용하기는 어렵습니다. 반드시 차별화된 기능이나 발명품의 특성이 있어야 하고, 유사하다고 해서 나쁜 것은 아니고, 유사한 점이 어느 정도가 유사하고, 어느 정도가 다른지를 분석해야 합니다. 또 정말 수상작의 아이디어를 보지도 않았는데도 비슷한 생각을 해서 발명의 유사점이 생길 수도 있습니다. 하지만 먼저 아이디어를 발명품으로 발전시켜서 수상까지 하게 된 발명품이 우선적으로 인정받게 됩니다.

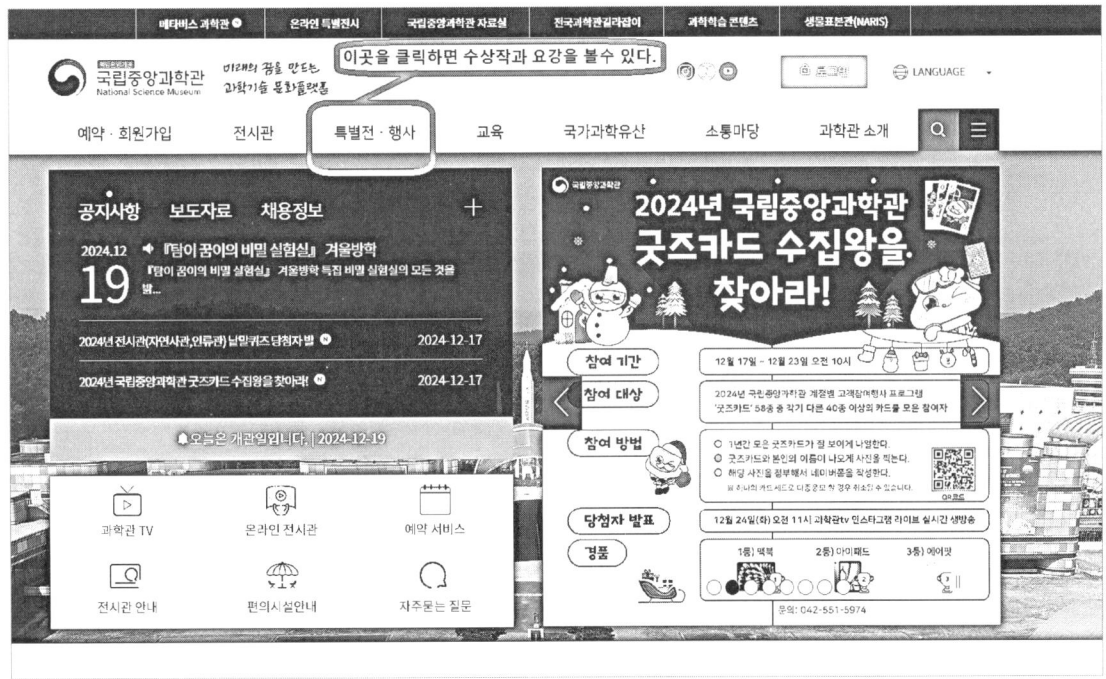

다. 각 지역별 과학전시관

전시관 홈페이지에 들어가서 각 지역별 발명대회 수상작들 중에서 검색해서 여러분들이 만든 발명아이디어와 유사점이 무엇이고, 혹 같은 작품은 없는지를 확인해야 합니다. 발명 아이디어를 떠올려서 아주 좋다고 만족하다가도 검색 후에 이미 다른 사람이 같은 아이디어로 발명을 한 경우를 발견하게 되어서 귀하게 만들어낸 아이디어도 못 쓰게 되는 경우도 많습니다. 이런 과정을 거치면서 계속 발명 아이디어가 발전하게 됩니다.

1) 서울특별시교육청융합과학교육원 사이트 주소 ; https://ssei.sen.go.kr/

2) 경기도교육청미래과학교육원 사이트 주소 : https://www.gise.kr/

2. 발명 아이디어 대한 검증 2단계

시중에 판매 되고 있는 상품에는 없을까?

<각종 포털 사이트 검색> 네이버, 쿠팡, 구글 등 다양한 쇼핑사이트에 실제로 판매되고 있는 상품이 있는지 확인해야 합니다. 예를 들어서 우산을 들고 다니는 것이 귀찮아서 우산이 책가방과 함께 결합되어서 가방을 매고도 우산을 손으로 들고 다니지 않아도 되면 정말 좋겠다는 동기로 우산 가방을 아이디어로 만들어 봤습니다. 그런데 검색해 보니 우산 가방이 실제로 판매되고 있었습니다. 이런 것을 발견하게 되면 유사품과 생각한 발명 아이디어가 어떤 점이 같고 다른지를 파악해서 생각한 아이디어를 버릴지, 아니면 더 발전시킬지를 결정해야 합니다. 이런 모든 과정을 차근차근 생각하고 고민하고 정리하면서 발명을 해 나갈 수 있습니다.

<검색 내용 예시> 장마철, 손 필요 없는 아이디어 우산

쏟아지는 빗속에서 우산을 쓰고도 두 손으로 휴대폰 문자를 주고 받을 수 있다면. 가방형 우산이라는 재밌는 아이디어가 킥스타터에 올라 눈길을 끈다. 아시아씨넷은 최근 아이디어 상품인 핸즈프리(handsfree)형 우산 '누브렐라(Nubrella)'가 소셜 펀딩 프로그램인 킥스타터를 통해 투자자를 모집하고 있다고 4일 보도했다. 누브렐라는 그간 나온 아이디어 우산 중에서도 확실히 눈에 띄는 제품이다. 커플 우산, 손가락을 끼도록 고안한 우산 등 가능한 사용자 편의를 맞춘 우산들이 아이디어 제품으로 선보여 왔으나, 손 자체를 안써도 되는 상품은 드물었기 때문이다.

핸즈프리 우산인 누브렐라

이 우산은 손을 사용하지 않도록 하기 위해 배낭형으로 만들어졌다. 등 뒤에 매고 다니는 우산으로, 비가 올땐 접혀 있던 주름이 펴지면서 머리 위로 둥근 돔 모양의 투명 지붕을 만든다. 유모차 차양과 비슷한 원리인데, 딱 한사람의 신체가 젖지 않을 정도 크기다. 누브렐라는 킥스타터를 통해 우산 생산비로 9만5천달러(약 1억원) 모금을 목표로 했다. 다만, 4일 현재 킥스타터를 통해 투자된 액수는 목표의 4%인 4천달러에 불과하다. 누브렐라는 앞으로 30일간 킥스타터를 통해 투자자를 모집한다는 계획이다.

남혜현 기자 (hyun@zdnet.co.kr)

출처:https://n.news.naver.com/mnews/article/092/0002027559

3. 발명교육포털 활용법

발명 아이디어를 내기 전 도움이 되는 사이트입니다. 발명에 대한 여러 가지 정보와 교육컨텐츠들이 있고, 이 중에서 아이들에게 보여주면 발명에 대한 호시심을 채울 수 있고, 발명 아이디어를 내는 데에도 도움을 줍니다. 발명아이디어를 내기 전에 참고하면 좋은 영상들을 꾸준하게 보여주는 것도 좋습니다. 혼자 보는 것 보다 같이 보고, 영상을 본 후에 의견을 나누면서 어떠한 생각을 하고 어떠한 점을 깨닫고 배울 수 있었는지를 물어보고 또 간단하게라도 노트에 정리하도록 하면 좋겠습니다.

Part 4   교내 발명 대회에 제출한 다양한 작품 요약서 예시

제가 그동안 수업을 하면서 진행했던 발명 요약서를 소개합니다. 여러분들은 여기에 올려진 다양한 발명 요약서들을 보면서 영감을 얻기를 바랍니다. 이 발명을 좀 더 발전시키고 변형하여서 새로운 창조를 해 내는 기회가 되길 바랍니다. 또 추가적인 아이디어를 결합을 하면서 새로운 발명으로 발전시켜보아도 좋습니다. 이렇게 다양하게 발명 연습을 해보세요. 어느새 여러분들의 발명하는 실력이 늘 것입니다. 그리고 더 나아가 발명 대회에서도 좋은 결실을 맺을 수 있을 것입니다.

학생과학발명품경진대회 작품요약서

작품명	미세먼지를 잡는 '정전기 포 & 물걸레 포 막대'

1. 제작 동기

요즘 미세먼지가 보통이나 나쁨 또는 매우 나쁨 일 때가 자주 있어서 외출도 잘 못할 때가 많고 그렇다 보니 할 수 없이 실내 생활을 해야 할 경우가 매우 많습니다. 그래서 집안에서 먼지가 더 많이 발생하여서 청소를 자주 해야 할 수밖에 없습니다. 그런데 진공청소기를 사용할 경우에는 실내 미세먼지가 더 많이 생길 수 있다는 얘기를 듣고 간편한 청소도구를 만들어야겠다고 생각했습니다. 그래서 미세먼지도 잡고 물걸레 청소도 동시에 할 수 있는 효율적인 청소 도구를 만들고 싶어서 제작하게 되었습니다.

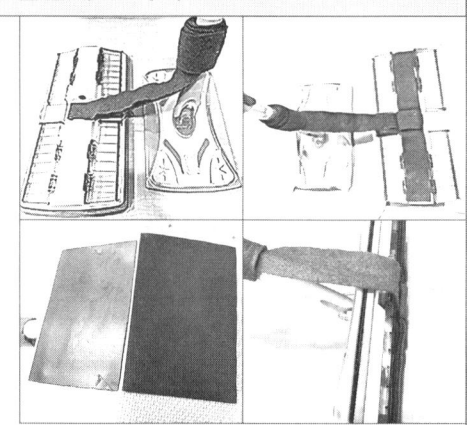

2. 작품 내용

가. 작품요약(100자) ; 일반적으로 청소도구를 자주 사용하는 정전기 포 막대와 물걸레 포 막대를 결합하여서 한꺼번에 먼지를 제거하고 물로 바닥을 깨끗하게 닦을 수 있도록 합니다. 그리고 막대의 길이도 조정이 가능해서 키가 크든지 작든지 온 가족이 함께 사용할 수 있는 도구입니다.

나. 작품의 원리 및 독창성 ; 정전기 포와 물걸레 포를 설치하는 곳의 바닥에 고무자석을 부착하여서 보관할 때 서로 붙인 상태로 부피를 줄여 공간도 적게 차지하게 합니다. 물걸레 포가 정전기 포 뒤에 있으며 정전기 포로 먼저 미세먼지를 흡착시키고 물걸레로 수분을 통한 미세먼지 흡착을 해서 청소시간을 줄이고 미세먼지로 인한 실내의 오염을 줄이는 데에 도움을 줍니다.

다. 선행연구 조사 결과

① 특허정보서비스(www.kipris.or.kr)················[동일(　)유사(　)해당없음(O)]
② 국립중앙과학관(www.science.go.kr) ············· [동일(　)유사(　)해당없음(O)]
③ 서울특별시과학전시관(http://www.ssp.re.kr)······[동일(　)유사(　)해당없음(O)]

3. 제작 결과(기대효과)

1) 미세먼지로 인해 자주 청소해야 하는 경우에 청소시간을 줄이고 진공청소기를 사용하지 않아도 깨끗하게 청소할 수 있도록 합니다.

2) 어린이, 어른이나 할머니 할아버지 모두 손쉽고 간편하게 실내 청소를 할 수 있게 하며 따로 전력을 사용하지 않아서 전기에너지를 절약하므로 친환경적인 청소도구이며 또 청소를 하면서 운동효과 줄 수 있어서 건강에 좋습니다.

학생 발명품 제작 계획서

작품명	절약형 트윈 케이스	O학년 O번 OOO

1. 작품명 : 절약형 트윈 케이스 (두 가지 액체를 동시에 넣을 수 있고 끝까지 사용할 수 있는 절약형 용기)

2. 작품 동기 및 목적 : 스킨이나 로션 그리고 샴푸를 사용할 때 끝까지 사용하지 못하고 버리게 되는 경우가 많다. 이것을 보완하여서 끝까지 사용할 수 있게 하면 자원을 낭비하지 않고 남은 액체가 그대로 버려지는 것을 막으므로 환경오염도 줄이고 싶었다. 또 두 가지 자주 쓰는 액체로 된 기초화장품 동시에 사용할 수 있게 하면 여행을 갈 때나 외출을 할 때 스킨과 로션을 따로 챙겨야 하는 번거로움을 한 번에 해결 할 수 있도록 하고 싶었다. 그래서 자원도 절약할 수 있고 두 가지 액체를 동시에 사용할 수 있어서 휴대하기에 편하도록 하는 새로운 용기를 만들고 싶어서 이번 작품을 계획하게 되었다.

3. 작품내용 : 주사기의 피스톤 방식을 이용하여 간편하게 로션을 짤 수 있게 하는 용기와 유압식 분무형태의 스킨 용기를 결합하였다. 그리고 이 용기는 세울 수도 있고 눕힐 수도 있어서 공간 활용면에 있어서도 매우 뛰어나다. 스킨을 담은 용기는 아래쪽을 V자 형태로 모아지는 모양으로 해서 스킨의 남은 양이 적어도 끝까지 사용할 수 있게 한다. 로션은 피스톤을 끝까지 밀어서 마지막 남은 양까지 다 사용할 수 있도록 한다. 또 스킨이나 로션 뿐만 아니라 비비크림과 선크림, 에센스와 아이크림 등 함께 짝이 되면 좋은 화장품을 간편하게 챙길 수 있어서도 좋을 것이므로 크기를 다양하게 하면 다양한 용도로 활용가능할 것이다.

4. 제작 방법 :

    1) 모형을 만들기 위해서 스킨을 담을 용기는 쓰다 남은 작은 분무용기를 활용한다. 여름에 사용하고 남은 버물리가 담긴 액체 분무기를 활용하면 된다.

    2) 용량이 큰 주사기에 로션을 빨아올려서 피스톤을 최대한 당겨놓고 주사기 피스톤의 끝을 액체 분무기 바닥부분에 대고 글루건으로 붙인다.

    3) 주사기 피스톤에 로션을 담아놓고 또 액체 분무기에는 스킨을 담아서 양쪽으로 활용해 본다. 로션은 피스톤을 눌러서 빼고 스킨은 분무기를 눌러서 뿌려본다.

5. 사용방법 및 효과 :

    1) 피스톤을 누르면서 로션을 필요한 양만큼 짜서 사용한다.

    2) 스킨은 분무기를 누르면서 필요한 양만큼 뿌려서 사용한다.

    3) 용기 속에 있는 액체를 끝까지 다 쓸 수 있으므로 자원낭비를 막을 수 있다.

    4) 용도에 따라서 용기에 스킨과 로션 말고도 다양한 액체를 넣어서 사용할 수 있다. 예를 들어서 양념을 소량 담을 수 있는 작은 크기로 만들면 요리를 할 때 필요한 점성이 서로 다른 두 액체를 각각 담아서 사용하면 캠핑을 갈 때 요리를 위해서 챙겨야 하는 양념들을 간편하게 챙겨 갈 수 있다.

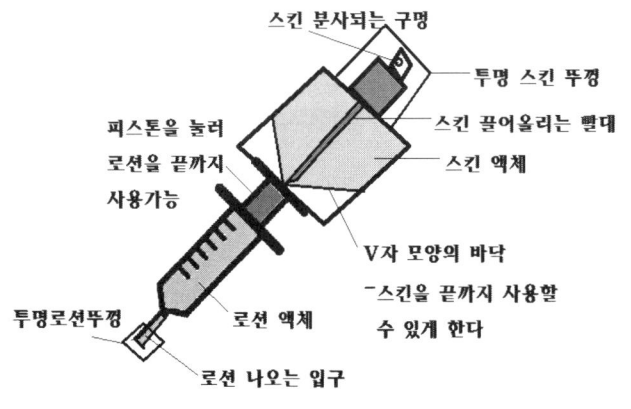

학생과학발명품경진대회 작품요약서

작품명	손잡이 자동분사 소독장치

1. 제작 동기

최근 들어서 지구온난화의 영향으로 신종바이러스가 자주 나타나고 있습니다. 바이러스에 대한 감염을 예방하기 위해서 위생이 중요합니다. 특히, 사람들이 많이 사용하는 화장실, 식당, 병원 등에서는 손으로 병원균이 옮겨질 수도 있습니다. 예를 들어 손잡이가 비위생적이기 때문에 손잡이를 위생적으로 하기 위해서 생각하게 되었고 손에 가장 세균이 많기 때문에 손잡이를 만지다 보면 세균이 묻기 때문에 손잡이가 위생적 이여야 한다고 생각해서 고안하게 되었습니다.

2. 작품 내용

가. 작품요약(100자)

손잡이를 소독시켜주는 기계는 타이머가 있어서 주기적으로 소독제를 뿌려주기 때문에 손잡이가 위생적으로 유지될 수 있게 됩니다. 집이나 공중화장실에서 주로 사용하는 분사형 방향제의 원리를 이용하였고 여기에 손소독제물질을 넣어서 주기적으로 일정량을 분사하여서 위생적인 손잡이가 되도록 합니다. 문의 양쪽에 손잡이가 있으므로 문의 안쪽과 바깥쪽 옆 벽에 설치합니다.

나. 작품의 원리 및 독창성

자동분사기는 타이머에 맞춰 DC모터가 구동되어 스프레이의 캡부분을 눌러 분사되는 방식입니다. 일반적인 방향제 분사기는 전반적으로 뿌려지지만 손잡이 자동분사 소독장치는 손잡이 부분에 집중하도록 방향과 분사 위치를 조절할 수 있게 하였습니다. 손잡이가 있는 위치의 벽 쪽에 설치하여 문의 양쪽 모두 소독이 될 수 있게 합니다.

다. 선행연구 조사 결과

① 특허정보서비스(www.kipris.or.kr)················[동일( )유사( )해당없음(√)]

② 국립중앙과학관(www.science.go.kr) ············· [동일( )유사( )해당없음(√)]

③ 서울특별시과학전시관(http://www.ssp.re.kr)···[동일( )유사( )해당없음(√)]

3. 제작 결과(기대효과)

1) 사람들이 많이 잡게 되는 손잡이가 깨끗해지게 되면 신종 바이러스 감염의 위험이 줄어들 것입니다.

2) 지하철, 병원, 단체 식당 등의 공공장소에서 매번 손소독을 할 수 있는 상황이 아니므로 손잡이를 통해서 감염될 수 있는 병원균에 대한 예방을 할 수 있을 것입니다.

학생과학발명품경진대회 작품요약서

| 작품명 | '쌩쌩쌍쌍' 2층버스 |

1. 제작 동기

학교를 갈 때나 집으로 돌아올 때 버스정류소를 지나가게 됩니다. 그때마다 사람들이 줄을 서서 버스를 기다리는 모습을 봤습니다. 막상 버스가 와도 워낙 사람들이 많다 보니 다 타지 못하고 다음 버스를 기다리게 되는 것을 보았을 때 매우 안타까운 마음이 들었습니다. 그래서 출퇴근길에 도로에 차가 많이 있어도 잘 통과해서 지각하지 않고 또 많은 사람들이 탈 수 있도록 하는 특수한 버스를 만들고 싶었습니다. 그리고 모형으로 만들면서 버스가 달릴 때 풍력발전도 하는 모형으로 제작해 보았습니다.

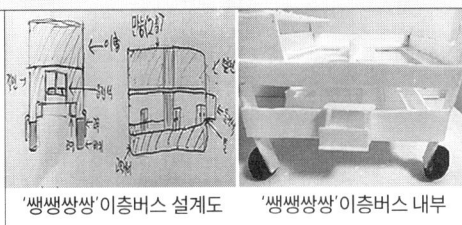

'쌩쌩쌍쌍' 이층버스 설계도 　 '쌩쌩쌍쌍' 이층버스 내부

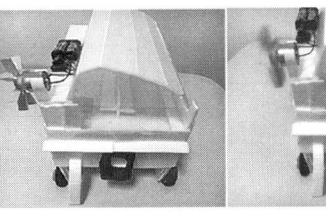

작동 전의 '쌩쌩쌍쌍' 이층버스 　 작동 후의 '쌩쌩쌍쌍' 이층버스

2. 작품 내용

가. 작품요약(100자)

출퇴근길에 최대한 많은 사람들을 태울 수 있도록 좌석수를 늘린 버스입니다. 이때 2층으로 해서 위층에도 앉을 수 있게 하고 좌석을 가로로 배치하여 최대한 많은 사람들이 앉을 수 있으면서 공간을 넓게 했습니다. 1층과 2층의 좌석의 수와 경치를 볼 수 있는 정도가 달라서 가격의 차이를 주도록 합니다. 2층 좌석에는 컨버터블 시스템으로 하여 맑고 따뜻한 날씨에는 열수 있게 해서 주변 구경을 할 수 있습니다.

나. 작품의 원리 및 독창성

'쌩쌩쌍쌍' 이층버스의 맨 아래층에는 터널형태로 넓게 만들고 각각의 기둥에 바퀴가 달려서 길이 막힐 때도 통과할 수 있게 하며 내부에는 조명이 설치되어 있어서 다른 차들이 이동할 때 시야가 어둡지 않아서 안전합니다. 운전좌석은 버스의 맨 앞에 돌출시켜서 버스 좌석수를 더 늘렸고, 다른 차와의 충돌에서 안전할 수 있도록 바퀴 외부에 고무로 충격 흡수장치를 달았습니다. 문도 출입문은 동일하지만 내리는 문은 각각의 버스 제일 뒤쪽에 설치하여서 내릴 때는 신속하게 내릴 수 있습니다. 또 풍력발전기를 통해서 버스가 달릴 때 에너지를 생산하게 해서 에너지를 절약합니다.

다. 선행연구 조사 결과

① 특허정보서비스(www.kipris.or.kr)·············[동일( )유사( )해당없음(V)]

② 국립중앙과학관(www.science.go.kr)··········· [동일( )유사( )해당없음(V)]

③ 서울특별시과학전시관(http://www.ssp.re.kr)·········[동일( )유사( )해당없음(V)]

3. 제작 결과(기대 효과)

2층 버스 꼭대기 부분은 컨버터블 형태여서 맑은 날 출퇴근길에 주변 경치도 볼 수 있어 마치 도심 속 짧은 관광을 하는 효과를 주어 스트레스, 우울증도 날려버리고 즐겁게 탈 수 있게 됩니다. 그리고 분비는 출근길이지만 좀 더 빠르게 움직일 수 있으므로 지각도 막고 퇴근 후 좀 더 빨리 집에 도착할 수 있습니다. 풍력발전으로 에너지를 절약합니다.

학생과학발명품경진대회 작품요약서

작품명	Magic 테이블침대

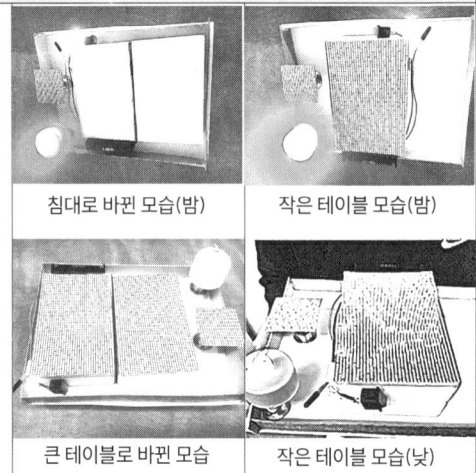

침대로 바뀐 모습(밤)   작은 테이블 모습(밤)

큰 테이블로 바뀐 모습   작은 테이블 모습(낮)

1. 제작 동기

가족들과 함께 캠핑을 간 적이 있습니다. 텐트 안에서 온가족이 함께 음식도 먹고 쉬기고 하고 즐거운 시간을 보내기에는 공간이부족할 때 있었습니다. 그래서 식탁도 되어서 텐트 안에서 밥도 먹고, 편하게 책도 읽고, 또 보드게임과 같이 놀이도 할 수 있는 마술 같은 테이블이 있으면 좋겠다고 생각했습니다. 그래서 공간도 효율적으로 사용하고 다양한 역할도 하며 또 편하게 쉴 수 있는 침대가 될 수 있는 테이블을 만들고 싶어서 제작하게 되었습니다.

2. 작품 내용

가. 작품요약(100자)

테이블과 침대가 결합되어 있는 융합 제품입니다. 캠핑을 갔을 때 좁은 공간에서 식탁, 책상, 놀이판, 그리고 쉴 수 있는 침대 등 다양한 역할을 할 수 있습니다. 그래서 용도에 따라 여러 모양으로 바뀌는 유용한 도구이며 실내의 작은 공간에서도 동일하게 활용 가능합니다.

나. 작품의 원리 및 독창성

테이블과 침대를 결합하여 두 가지 이상의 기능을 할 수 있으며, 자석을 이용해 침대에서 책상으로 변신할 때 서로 붙이는 과정과 떼는 과정을 자유롭게 할 수 있습니다. 또 조명을 설치하여서 어두울 때는 조명으로 활용할 수 있습니다.

다. 선행연구 조사 결과

①특허정보서비스(www.kipris.or.kr)··············[동일( )유사( )해당없음(O)]

②국립중앙과학관(www.science.go.kr)·········· [동일( )유사( )해당없음(O)]

③서울특별시과학전시관(http://www.ssp.re.kr)··········[동일( )유사( )해당없음(O)]

3. 제작 결과(기대 효과)

1) 좁은 공간에서 생활하는 경우에 책상, 테이블, 침대의 역할을 모두 할 수 있어서 매우 편리하고 실용적입니다. 특히, 캠핑을 할 때 간편하게 들고 다니면서 활용할 수 있습니다.

2) 재질을 다양하게 하고 침대의 매트리스 두께를 다양하게 하거나 또는 2단으로 접는 형식을 3단, 4단으로 해서 크기를 더 다양하게 조절하게 응용을 해도 됩니다. 그렇게 하면 훨씬 다양한 인원수에 따라서 조절 가능합니다.

3) 요즘 1인 가구 시대에 효율적인 공간 활용과 함께 경제적, 자원도 절약하는 효과를 줍니다.

학생과학발명품경진대회 작품요약서

작품명	열전소자 미니 냉온풍기

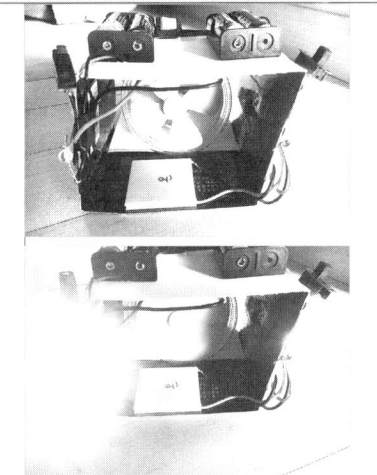

작동 전

작동 후

1. 제작 동기

겨울이나 여름에는 몸 상태에 따라서 언제나 춥거나 덥지는 않다. 여름에 감기가 걸리면 오히려 더워도 춥게 느낄 수 있다. 하지만 집에서는 여름에 주로 선풍기나 에어컨을 사용한다. 모두의 요구를 한꺼번에 해결할 수 있게 장치가 없을까? 하고 생각했다. 그래서 냉온 기능을 모두 갖추고, 작은 공간에서도 필요할 때 적절하게 사용할 수 있는 미니 냉온풍기를 만들게 되었다. 특히, 열전소자에 전기가 흐르면 양면에 냉온기능이 생기는 것을 활용하였다.

2. 작품 내용

가. 작품요약(100자)

선풍기 바람이 나오는 것 앞에 열전소자를 위와 아래에 설치하여 냉풍과 온풍을 모두 만들 수 있게 한다. 팬을 박스의 뒤에 달고, 윗면에는 열전소자에 전기를 가하였을 때 냉각이 되는 면이 아래를 향하도록 달고, 아랫면에는 열전소자에 전기를 가하였을 때 가열이 되는 면을 위를 향하도록 설치한다. 각각의 열전소자에 전기가 흐르도록 전지를 연결하고 스위치를 통해서 작동을 조절한다. 또한 선풍기의 바람이 잘 생기도록 박스의 앞, 뒷면은 열려 있는 상태로 놓는다.

나. 작품의 원리 및 독창성

열전 소자에는 전류에 의해 열의 흡수(또는 발생)가 생기는 현상을 이용한 소자인 펠티에소자 등이 있다. 한쪽은 차갑게, 다른 한쪽은 따뜻하게 하는 티에소자를 이용하여 냉온풍기를 만들었다. 특히, 차가운 공기는 아래로, 따뜻한 공기는 위로 올라가는 성질을 이용하여 2개의 열전소자 중 하나는 팬을 단 박스의 윗면에 달고, 하나는 아랫면에 달아, 위에 단 것은 소자가 냉각이 되는 면이 아래를 향하게, 아래에 단 소자는 가열되는 면이 위를 향하게 만들어, 팬이 돌아갈 때, 냉온풍이 만들어지게 하였다.

다. 선행연구 조사 결과

① 특허정보서비스(www.kipris.or.kr)··················[동일( )유사( )해당없음(O)]

② 국립중앙과학관(www.science.go.kr) ···············[동일( )유사( )해당없음(O)]

③ 서울특별시과학전시관(http://www.ssp.re.kr)·········[동일( )유사( )해당없음(O)]

3. 제작 결과(기대 효과)

추운 겨울이나 더운 여름에 간편히 방에서 이용할 수 있을 것이다. 계절이 춥거나 더워도 그 반대로 온도가 느껴지는 사람들을 위한 것이다. 또한 일반적인 사람들도 냉온 기능이 둘 다 되기 때문에 이용할 수 있다. 크기가 작기 때문에 손난로나 쿨 팩 역할도 대신할 수 있을 것이다.

학생과학발명품경진대회 작품요약서

작품명	한글 배우기 자석 게임

1. 제작 동기

한글을 이제 막 배우기 시작한 아이들이나 다른 나라사람들이 한글을 배울 때 쉽고 재밌게 배울 수 있는 도구가 없을까 하고 생각을 하게 되었습니다. 그래서 자석 바둑판처럼 자석을 이용하여 낱말이나 글자를 만들 수 있게 함으로써 한글공부도 할 수 있고 온가족이 재밌게 놀이로 즐길 수 있는 게임 도구를 제작하고 싶어서 만들게 되었습니다.

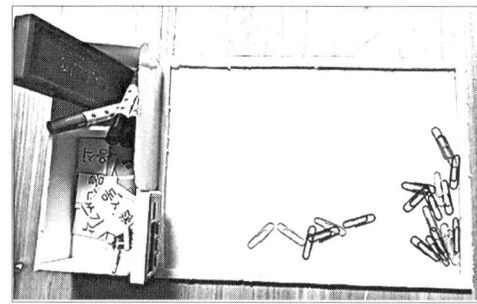

2. 작품 내용

가. 작품요약(100자)

미션카드의 그림을 보고 뽑은 후 카드 뒷면에 쓰여 있는 글자를 20개의 클립으로 만드는 게임입니다. 이때 자석이 붙은 클립을 이용해서 자석과 클립사이에 서로 당기는 힘을 이용해서 글자를 만듭니다. 그리고 타이머가 있어서 미션을 수행하는 시간이 짧은 사람이 이기게 하여 점수판에 점수를 적고 서로 경쟁도 가능합니다.

나. 작품의 원리 및 독창성

자석과 클립 사이의 서로 당기는 힘을 이용해서 일정한 수의 클립을 가지고 미션카드의 글씨를 만들어 내야합니다. 동일한 글자이어서 클립을 사용하는 수는 다르게 할 수 있으므로 각자의 방식대로, 상상한대로 만들 수 있습니다. 미션을 수행하는 시간에 따라서 팀을 짜서 경쟁을 하면 더욱 긴장되고 재밌는 게임입니다.

다. 선행연구 조사 결과

① 특허정보서비스(www.kipris.or.kr)························[동일( )유사( )해당없음(O)]
② 국립중앙과학관(www.science.go.kr)····················[동일( )유사( )해당없음(O)]
③ 서울특별시과학전시관(http://www.ssp.re.kr)··········[동일( )유사( )해당없음(O)]

3. 제작 결과(기대 효과)

1) 다문화가정이 점차 늘어나면서 한국어를 배워야 하는 외국인들이 늘고 있습니다. 이 사람들에게 보급하여서 한글을 배우면서 게임을 할 수 있어서 쉽고 재밌고 한글을 익힐 수 있습니다.

2) 처음 한글을 배우는 사람들이 게임을 하면서 기초를 쌓을 수 있어서 훨씬 도움이 됩니다.

3) 한글을 배우는 것을 어려워하는 사람들에게도 재밌게 한글을 배울 수 있게 해서 좋습니다.

4) 온가족이 쉽게 한글을 이용해서 게임을 할 수 있습니다. 미션을 수행하는 시간을 정해 놓고 하거나 또는 총 미션 수행 시간을 비교하고, 또한 같은 글자여도 표현한 모양이나 아이디어에 따라서, 예를 들어서 동일한 글자를 표현하는 미션이지만 클립의 수를 적게 활용했다면 매우 창의적인 방법으로 글자를 만들었을 것이기 때문에 다양하게 추가 점수를 줄 수 있어서 흥미롭습니다.

학생과학발명품경진대회 작품요약서

작품명	나만의 잠깨는 장갑

1. 제작 동기

엄마랑 숙제를 하다가 계속 잠이 와서 엄마한테 혼난 적이 있습니다. 이때 혼나지 않으려면 어떻게 해야 할지 고민을 했습니다. 그래서 쉽게 잠을 깨는 방법은 없을까? 하고 생각했습니다. 할머니가 사용하시는 지압기를 보고 잠이 들지 않는 방법을 생각해 냈습니다. 그래서 지압기를 붙여서 만든 장갑을 만들어서 내가 공부를 하다가 잠이 오면 손으로 쉽게 압력을 주어서 자극을 한다면 졸릴 때 잠을 깰 수 있을 것이라 생각해서 제작하게 되었습니다.

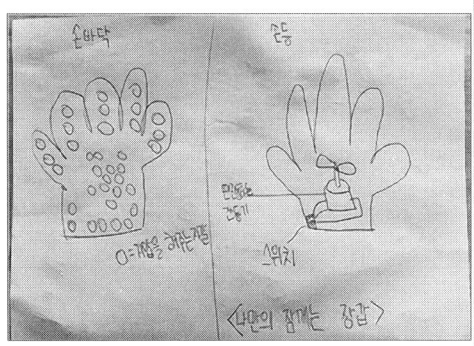

2. 작품 내용

가. 작품요약(100자)

이 작품은 공부를 하거나 숙제를 할 때 잠이 와서 집중하기 어려울 때 잠을 깰 수 있게 하는 장갑입니다. 손등에 붙어 있는 편진동 전동기가 장갑을 흔들어서 장갑을 끼고 있는 것만으로도 자극이 됩니다. 또 지압기의 원리를 이용한 자극을 주기위해서 작은 자갈돌을 장갑의 바닥에 붙여서 장갑을 끼고 자극을 주고 싶은 부위를 만지면 적은 힘으로도 자극을 주어서 잠을 깰 수 있다.

나. 작품의 원리 및 독창성

지압기는 다양한데 진동하는 것도 있고 딱딱한 것으로 누르는 것도 있습니다. 잠이 올 때 딱딱한 돌기로 누를 수 있게 장갑에 작은 자갈돌을 붙인다. 그리고 진동할 수 있도록 장갑에 전동기를 붙이고 건전지와 전선으로 연결한다. 그리고 스위치로 작동을 원할 때와 그렇지 않을 때를 조절한다. 편진동 원리를 이용해서 전동기에 한쪽으로 치우친 날개를 달아서 자연스럽게 진동하게 해서 잠깨는 장갑을 끼고 있기만 해도 자극을 주게 한다.

다. 선행연구 조사 결과

① 특허정보서비스(www.kipris.or.kr)·················[동일(　)유사(　)해당없음(○)]
② 국립중앙과학관(www.science.go.kr)··············[동일(　)유사(　)해당없음(○)]
③ 서울특별시과학전시관(http://www.ssp.re.kr)·········[동일(　)유사(　)해당없음(○)]

3. 제작 결과(기대 효과)

1) 졸릴 때 잠깨는 장갑을 사용해 공부하면 더 오랫동안 집중해서 공부를 할 수 있고 또 숙제를 미루지 않을 수 있습니다.

2) 학교에서 수업을 들을 때도 졸릴 때 잠깨는 장갑을 이용해서 머리나 손, 팔 등에 자극을 주면서 수업을 들으면 수업시간에 선생님의 말씀을 놓치지 않고 잘 따라갈 수 있습니다.

3) 옆에 친구가 졸고 있을 때 잠깨는 장갑으로 친구를 깨울 수 있습니다. 특히, 점심시간 이후에 수업을 듣거나 운동을 하고 땀을 흘리고 난 후에 공부를 할 때에 잠깐 졸릴 수 있는데 이때에도 유용하게 사용할 수 있습니다.

4) 때로는 엄마에게 잠깨는 장갑을 이용해서 어깨나 팔을 주물러 드리면서 안마를 해 드릴 수 있습니다.

학생과학발명품경진대회 작품요약서

작품명	다기능 접이식 클립보드

1. 제작 동기

야외 현장체험 학습을 하거나 견학을 갔을 때 기록하기 위해 포스트잇을 사용하거나 메모를 합니다. 이때 받침대도 필요하고 메모 종이도 필요하고 또 어두운 곳에서는 밝은 빛도 필요할 때가 있었습니다. 또 요즘에는 아이패드와 같은 전자기기가 있지만 학교에서는 사용할 수가 없기 때문에 다양한 기능을 가진 나만의 클립보드를 만들어서 자유롭게 필요할 때 사용하고 싶어서 제작하게 되었습니다. 그리고 내가 만든 학용품을 필요로 하는 사람들에게 널리 전파하고 싶습니다.

2. 작품 내용

가. 작품요약(100자)

일반적인 클립보드와는 달리 접었을 때 독서대 역할을 할 수 있습니다. 그리고 조명을 달아서 어두운 곳에서도 필기를 할 수 있습니다. 따로 필기도구를 챙기지 않아도 되도록 클립보드에 펜꽂이가 있습니다. 그리고 포스트잇도 달려 있어서 메모가 필요할 때마다 사용할 수 있습니다. 교통카드나 휴대폰을 넣을 수 있는 주머니가 있어서 밖에서 들고 다닐 때 중요한 물건을 넣을 수 있어서 편리합니다.

나. 작품의 원리 및 독창성

클립보드가 접이식으로 해서 다양한 모양으로 바뀔 수 있습니다. 이때 클립보드에 둥근 자석을 부착해서 모양이 고정될 수 있게 합니다. 그리고 LED조명을 달아서 어두울 때 조명역할을 할 수 있게 합니다. 밖에서 체험 학습이나 견학을 할 때 가방을 들고 있으면 무거운데 다양한 기능을 하는 클립보드를 사용하면 간편하게 이동하면서 학습을 할 수 있어서 매우 유용합니다. 그리고 나무젓가락의 양쪽에 네오디뮴 자석을 붙여서 클립보드에 붙인 자석에 붙도록 해서 독서대를 고정시킬 때 이용합니다.

다. 선행연구 조사 결과

① 특허정보서비스(www.kipris.or.kr)················[동일( )유사( )해당없음(O)]
② 국립중앙과학관(www.science.go.kr)············[동일( )유사( )해당없음(O)]
③ 서울특별시과학전시관(http://www.ssp.re.kr)··········[동일( )유사( )해당없음(O)]

3. 제작 결과(기대 효과)

1) 한 번에 다양한 기능을 하는 학용품이므로 가방 대신 사용할 수 있습니다. 그래서 이동식 수업을 할 때 매우 편리합니다.

2) 메모를 할 때 장소에 상관없이 편리하게 할 수 있고 기록할 때도 받침대 역할을 사용해서 글씨를 잘 쓸 수 있습니다.

3) 야외에서 책을 읽을 때도 클립보드를 사용하면 책을 바른 자세로 읽을 수 있습니다.

4) 지하철이나 버스 안에서도 받침대 역할을 해서 책을 보거나 메모를 할 수 있습니다.

그래서 급하게 일을 해야 할 경우에 좋은 책상 역할을 해 줍니다.

학생과학발명품경진대회 작품요약서

작품명	책상용 살균 3단 쓰레기주머니

1. 제작 동기

학교에서 쓰레기를 버리지 않고 책상위에 그대로 내버려두는 경우가 많습니다. 따라서 책상이 쉽게 더러워지게 됩니다. 과목별로 이동수업을 하게 될 때 다른 학생이 그 더러워진 책상에 앉아야 하는 불편함이 있습니다. 또 쓰레기통이 멀면 가기 귀찮거나 버리지 않으면 그냥 책상에 쓰레기를 놓기도 합니다. 그래서 책상마다 정리를 하는 데 도움을 주는 물건이 있으면 좋겠다고 생각했고 쓰레기통처럼 뭔가 담을 수 있는 것이 있으면 교실이 안 더러워질 것이기에 제작하게 되었습니다.

2. 작품 내용

가. 작품요약(100자)

부직포나 헌 수건으로 쓰레기 주머니를 만듭니다. 자석을 단 뚜껑도 만들어서 열고 닫는 것이 편하게 합니다. 또한 운동화 끈을 이용해서 쓰레기주머니를 책상에 매달 수 있도록 합니다. 3단으로 나누어진 주머니여서 지우개 가루, 종이류, 비닐류로 분리해서 버릴 수 있습니다. 또 쓰레기 주머니를 사용하다 보면 때가 묻을 수 있고, 세균이 침투할 수 있는데 이때 자외선등을 달아서 살균 장치로 사용할 수 있으며 다시 빨아서 깨끗하게 쓸 수 있어서 친환경적입니다.

나. 작품의 원리 및 독창성

보통 쓰레기통은 플라스틱을 많이 쓰는데 친환경적으로 버려지는 수건을 다시 활용해서 만든 쓰레기 주머니입니다. 또 끈을 달아서 책상의 어디든지 편하게 달수 있고 세탁을 할 수 있는 쓰레기 주머니 이므로 여러 번 사용할 수 있어서 매우 경제적입니다. 그리고 자외선 등을 내부에 달아서 뚜껑을 닫아놓고 살균도 시키며, 3단 주머니로 만들어서 쓰레기를 분리해서 버릴 수 있습니다.

다. 선행연구 조사 결과

① 특허정보서비스(www.kipris.or.kr)·················[동일( ) 유사( ) 해당없음(V)]
② 국립중앙과학관(www.science.go.kr) ···············[동일( ) 유사( ) 해당없음(V)]
③ 서울특별시과학전시관(http://www.ssp.re.kr)·········[동일( ) 유사( ) 해당없음(V)]

3. 제작 결과(기대 효과)

* 교실 바닥이나 책상에 쓰레기가 떨어지지 않아서 매우 쾌적한 환경에서 수업을 들을 수 있습니다.
* 또한 책상위에 쓰레기 주머니 놓고 쓰레기를 바닥에 버리지 않는 훈련을 하면 밖에서도 좋은 습관을 길러서 환경을 아끼는 마음이 생길 수 있습니다.

학생과학발명품경진대회 작품요약서

작품명	가열 냉각 텀블러

1. 제작 동기

학교에서 보온병을 직접 만들어보면서 열의 이동에 대한 원리를 배우게 되었습니다. 그런데 실제로 보온과 보냉의 기능이 잘 되지 않아서 안타까웠습니다. 그래서 뜨거운 음료가 식었을 때 온도를 다시 높여 줄 수 있고 또 차가운 음료가 식어서 미지근해지지 않도록 차갑게 유지시켜 줄 수 있는 텀블러를 만들어보고 싶어져서 이번 작품을 제작하게 되었습니다.

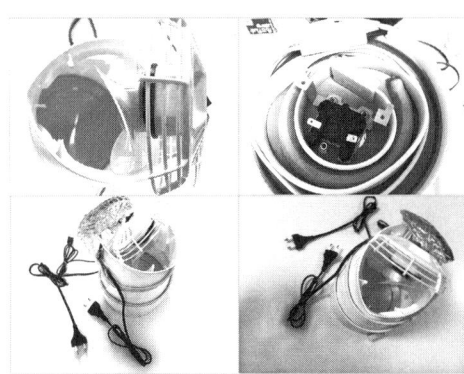

2. 작품 내용

가. 작품요약(100자)

뚜껑으로는 냉각팬을 장치하여 차가운 음료수에서 열을 계속 빼앗아가 가게 해서 보냉을 유지하게 하며 또 뜨거운 음료수가 식어서 미지근해 졌을 때 바닥에 장치한 열선을 이용해서 가열을 하면 그 음료수를 다 마실 때까지 따뜻한 상태를 유지할 수 있습니다.

나. 작품의 원리 및 독창성

냉각팬을 이용한 바람을 통해 기화열을 흡수하는 원리로 보냉을 시켜 준다. 이때 냉각팬은 뚜껑에 설치하고 뚜껑의 위와 아래에는 구멍이 있는 공기의 순환을 도와줄 수 있다. 그리고 전기와 연결할 수 있는 usb포트로 이용이 가능하며 건전지를 사용하면 휴대가 가능하다. 여름에 더울 때는 냉각팬이 달린 뚜껑을 선풍기로 사용할 수 있다. 바닥에는 니크롬선으로 된 열선을 장치한 후에 usb포트를 이용하여서 꽂으면 가열이 되므로 컵을 손으로 감싸서 어느 정도 따뜻해지면 usb포트를 빼고 음료수를 마셔도 되고 계속 뜨거운 상태를 원하면 usb포트를 계속 꽂아둔 상태로 컵만 들어서 먹으면 됩니다. 마치 이번 작품은 선풍기와 커피포트를 융합한 가열냉각이 가능한 텀블러이며 용도에 따라서 크기를 다양하게 해도 좋을 것입니다.

다. 선행연구 조사 결과

특허청 키프리스와 여러 가지 발명들을 인터넷으로 검색한 결고 동일한 원리의 제품이 없다는 것을 확인했습니다.(지금 나의 작품과 유사한, 먼저 다른 사람에 의해 만들어진 작품에 대한 조사 결과 쓰기)

1) 특허정보서비스(www.kipris.or.kr) 유사발명품 없음
2) 국립중앙과학관 (www.science.go.kr) 유사발명품 없음
3) 서울특별시과학전시관(www.ssp.re.kr) 유사발명품 없음

3. 제작 결과(기대 효과)

가열과 냉각 기능을 모두 가진 텀블러로 인해서 손쉽게 차를 끓이거나 할 수 있으며 개별적으로 사용해도 되고 크기를 더 크게 해서 많은 사람들이 같이 사용해도 됩니다. 열선을 사용하지 않을 때는 일반적인 컵으로도 사용이 가능하고 또 뚜껑으로 선풍기 기능도 동시에 하므로 다양한 기능을 가졌기 때문에 생활 속에서 유용하게 사용할 수 있을 것입니다.

학생과학발명품경진대회 작품요약서

작품명	LED 수분조절 미니텃밭

1. 제작 동기

집에서도 간단하게 농사를 지을 수 있으면 얼마나 좋을까? 도시에서 살기 때문에 공간이 부족하다. 그래서 실내에서도 간편하게 식물을 기를 수 있고 또 그 곳에서 나는 것을 먹을 수 있다면 좋을 것이라고 생각했다. 그래서 재활용품을 활용하여 화분과 분무기가 결합시키고 실내의 수분 조절 되는 새로운 기능을 하는 미니텃밭을 만들고 싶어서 제작하게 되었다.

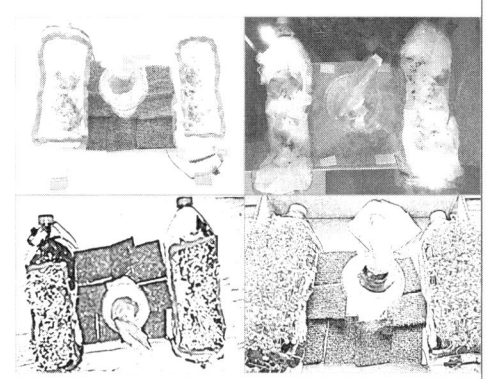

2. 작품 내용

가. 작품요약(100자)

화분과 분무기가 결합된 것으로 따로 물을 붓기 위해서 다른 컵을 준비할 필요가 없고 또 조명이 달린 텃밭이어서 실내에서 빛이 부족할 때 활용하거나 밤에는 조명으로도 활용가능하다. 밤에는 식물의 광합성도 약하게 할 수 있도록 돕는다. 그리고 분무기로 물을 뿌릴 때는 실내의 수분 공급을 통해서 습도 조절도 가능하다.

나. 작품의 원리 및 독창성

집에서 쓰다 남은 섬유탈취제의 분무기와 생수병을 활용해서 만들었다. 분무기를 장치한 컵을 화분의 가운데에 설치한다. 컵의 입구에 있는 분무기 머리를 360도 회전할 수 있도록 해서 여러 방향으로 골고루 물을 뿌릴 수 있다. 그리고 밤에도 조명 역할을 할 수 있는 LED를 설치하여서 식물이 광합성을 할 수 있게 해서 밤에 호흡을 통해 일어나는 이산화탄소 배출량을 줄일 수 있어서 공기 정화 기능을 밤에도 할 수 있다.

다. 선행연구 조사 결과

① 특허정보서비스(www.kipris.or.kr)··················[동일( )유사( )해당없음(O)]

② 국립중앙과학관(www.science.go.kr) ··············[동일( )유사( )해당없음(O)]

③ 서울특별시과학전시관(http://www.ssp.re.kr)······[동일( )유사( )해당없음(O)]

3. 제작 결과(기대 효과)

다 쓰고 남은 플라스틱 제품을 실용성이 있는 미니텃밭으로 만들어서 다양한 기능을 할 수 있도록 할 수 있다. LED 수분조절 화분은 실내에서 식물을 키울 때 특히, 좁은 장소인 책상이나 탁자에서 올려놓아도 좋다. 분무기로 물을 뿌릴 때 마다 실내에 수분을 보충해 줄 수 있어서 실내의 습도를 높일 수 있다. 또 LED 조명을 활용하면 밤에 어두울 때 조명으로 사용하며, 밤에도 약하지만 광합성을 시킬 수 있어서 공기 정화기능도 있다. 그리고 씨를 심어서 다 자란 후 요리할 때 샐러드로 활용할 수 있어서 내 방안에 농사를 짓는 경험을 할 수 있다.

학생과학발명품경진대회 작품요약서

| 작품명 | CAR STORY 보드게임 |

1. 제작 동기

우리는 생활 속에서 자동차를 많이 이용하지만 정작 자동차에 종류나 원리 및 그 특징에 대해서는 특별한 관심을 가지고 있지 않다면 잘 모른다. 나는 자동차를 정말 어릴 때부터 많이 좋아해서 관심이 많다. 그래서 온 가족이 쉽게 즐길 수 있는 자동차에 관련된 보드 게임을 만들어서 좋은 정보도 주고 또 이동하는 차 안에서 이용할 수 있는 보드게임을 만들기 위해 이번 작품을 제작하게 되었다.

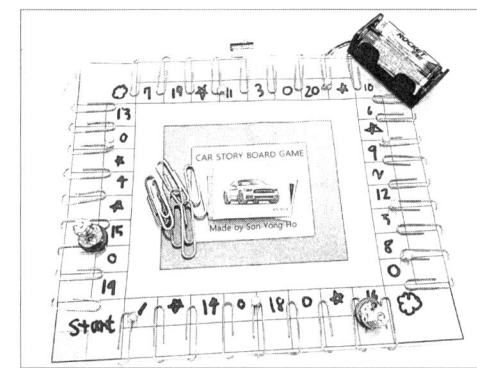

2. 작품 내용

가. 작품요약(100자)

자동차에 대한 정보와 원리를 쉽게 알 수 있게 하고 이동하는 다양한 공간에서도 안정적으로 게임을 할 수 있으며 게임을 하는 동안에 자동차 연비, 최고속도, 가격, 성능 등에 대한 정보를 바탕으로 가장 효과적인 자동차를 보유하기 위한 가치 경쟁을 하기에 창의력과 인성을 동시에 개발할 수 있으며 간편하게 즐길 수 있는 자동차에 대한 스토리 보드 게임이다.

나. 작품의 원리 및 독창성

기존의 나와 있는 부루마블 게임과 모노폴리 게임의 융합형태라고 할 수 있다. 보드판의 크기가 가로 23cm, 세로 18cm의 크기로 작게 만들어서 좁은 공간에서도 게임을 진행할 수 있다. 자석을 붙인 보드판이므로 이동하는 말들이 판에 붙어있는 상태로 놀이를 진행할 수 있다. 그래서 이동하는 차 안에서 말들이 바닥에 떨어지는 것을 방지할 수 있다. 또 다양한 자동차의 정보가 있는 카드를 LED자석말을 굴려서 보드판에 붙게 되면 그때 번호가 있는 곳에 닿으면 카드 번호에 해당하는 자동차를 가져갈 수 있다. 일정한 시간 동안에 최대한 자동차 카드를 많이 가져가는 사람이 이기는 것이다. 보드의 중간 중간에 ☆와 ○ 있어서 여기게 LED자석말이 붙으면 꽝이다. 그리고 클립의 중간 중간에는 네오디늄 자석이 있어서 게임을 할 때 마다 방해 요소로 위치를 변경 시킬 수 있다. 말이 보드판을 이동할 때 LED 전등을 켤 수 있게 해서 어두운 곳에서도 보드게임을 할 수 있다.

다. 선행연구 조사 결과

①특허정보서비스(www.kipris.or.kr)⋯⋯⋯⋯[동일(　)유사(　)해당없음(○)]

②국립중앙과학관(www.science.go.kr)⋯⋯⋯[동일(　)유사(　)해당없음(○)]

③서울특별시과학전시관(http://www.ssp.re.kr)⋯[동일(　)유사(　)해당없음(○)]

3. 제작 결과(기대 효과)

1) 자동차에 대한 정보를 재미있게 배울 수 있다. 그리고 이동하는 자동차, 버스, 기차, 비행기 안에서도 인원에 상관없이 적은 인원으로도 간단하게 즐길 수 있는 보드게임이다.

2) 보드에 나와 있는 자동차의 연비나 가격, 성능에 대한 정보를 바탕으로 가장 가치 있는 자동차를 많이 보유하게 하는 과정 속에서 창의적인 사고력과 인성개발에 도움을 줄 것이다.

학생과학발명품경진대회 작품요약서

작품명	팔에 끼우는 스마트 폰 케이스

1. 제작 동기

손에 물건을 들고 있어서 스마트 폰을 보기 어려울 때 스마트 폰을 손으로 잡지 않아도 정보를 확인하고 소통할 수 있게 하는 장치를 만들고 싶었다. 그래서 스마트폰 케이스를 팔에 끼우는 토시형태로 만들어서 스마트 폰을 손으로 잡지 않고 팔에 끼워 편리하게 정보를 확인하고 이용할 수 있게 하려고 이번 작품을 만들게 되었다.

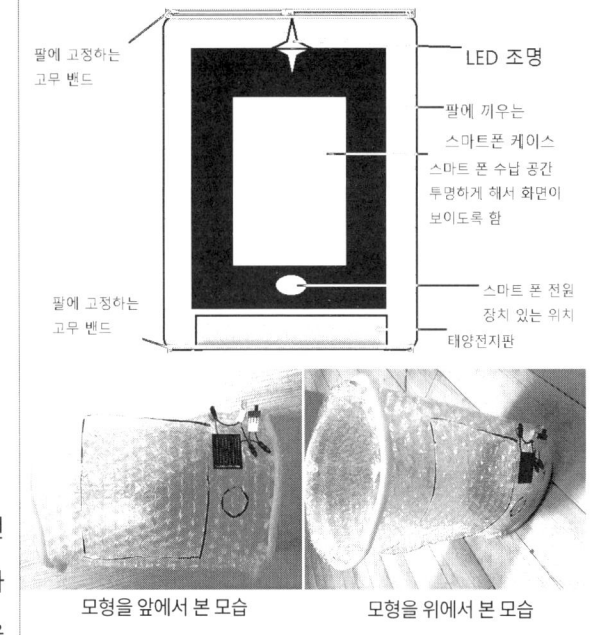

모형을 앞에서 본 모습   모형을 위에서 본 모습

2. 작품 내용

가. 작품요약(100자)

겨울에 스마트폰을 손으로 잡고 있지 않고 팔에 안전하게 끼울 수 있는 장치로 편리하게 정보 확인가능하다. 또 두 손으로 다른 물건을 들고 가면서 스마트폰을 보고 싶을 때 팔만 약간 들어서 정보를 확인하면 되기 때문에 편리하다.

나. 작품의 원리 및 독창성

1) 스마트폰 케이스를 팔에 끼워서 사용하도록 하는 것이 새로운 시도이다. 그런데 이때 스마트폰을 끼우는 부분에 가운데는 투명하게 만들어서 스마트 폰의 화면을 보고 또 액정 부분은 손가락으로 터치 할 수 있어서 편리하다.

2) 조명 역할을 하는 LED가 장착되어 있는데 이것은 낮 동안에 충전된 태양광전지판의 전기로 이용가능하다.

다. 선행연구 조사 결과

①특허정보서비스(www.kipris.or.kr)·················[동일( )유사( )해당없음(O)]

②국립중앙과학관(www.science.go.kr) ··············· [동일( )유사( )해당없음(O)]

③서울특별시과학전시관(http://www.ssp.re.kr)···········[동일( )유사( )해당없음(O)]

3. 제작 결과(기대 효과)

1) 카드로 결제를 할 때도 주머니 속에 있는 지갑이나 카드를 꺼내지 않고 팔에 끼워진 스마트폰으로 결제 정보 또한 쉽게 확인할 수 있다.

2) 날씨가 추울 때 팔에 끼우는 스마트 폰 케이스를 통해서 스마트 폰의 정보를 보면 손을 주머니에서 빼지 않아도 팔만 보면 스마트 폰에 터치를 하지 않아도 되므로 손이 시렵지 않다.

3) 대중교통을 이용할 때 서서 가는 경우가 있는데 이때 넘어지지 않기 위해서 손잡이를 잡기 위해서 팔을 위로 들어올린다. 그런데 이때 스마트폰을 잡을 손이 부족하다. 그러나 팔에 끼우는 스마트폰 케이스는 이때 매우 손 없이 팔에 끼워진 스마트 폰의 정보를 알 수 있다.

4) 팔에 끼우는 케이스에 장치한 LED불빛이 나와서 어두울 때는 조명 역할을 할 수 있다. 이 LED는 태양광전지판으로 불이 들어오기 때문에 따로 전지를 연결하지 않아도 된다.

나의 발명 아이디어

제목	지퍼 주머니 장갑 – 장갑 안에 주머니가 또 있다고 전해라!
발명의 동기 (생각한 이유)	겨울철에 추위를 이기기 위해서 준비해야 하는 물건 중에는 빠질 수 없는 것이 장갑이다. 하지만 장갑을 끼면 아무래도 손의 감각이 덮여지므로 손을 사용해야 할 때 불편할 수 있다. 이때 장갑을 벗고 일을 처리하는 것이 불편할 수 있다. 이때 장갑을 벗으면 번거럽고 또한 손이 시럽다. 그래서 장갑을 벗지 않고 손쉽게 볼일을 보고 손의 보온을 잘 유지할 수 있는 장갑을 고안하려고 한다. 바로 장갑에 지갑이 달려 있고 또한 손가락마다 지퍼가 달려있어서 필요할 때는 지퍼를 열고 닫을 수 있게 하는 것이다. 캥거루가 마치 아기를 낳아서 자신의 배에 넣어 놓고 뛰어다니는 것에서 아이디어를 얻었다.
생각한 발명품 아이디어 모양 그리고 설명하기	<그림> <설명> 1. 기존의 장갑 중에서 특히 스키 장갑처럼 두꺼운 장갑과 일상생활 속에서 많이 사용하는 털실로 짠 장갑을 구한다. 2. 지퍼를 만들기 위해서 지퍼를 손가락마다 필요하니깐 장갑 한 쌍에 10개씩 준비한다. 3. 가위로 장갑의 손가락 끝에서 중간 마디 정도까지 자른다. 그리고 이 곳에 지퍼를 달아서 열고 닫을 수 있게 만든다. 그리고 손바닥 부분에서 가로로 지퍼를 달아서 다섯손가락 모두를 한꺼번에 끄집어 낼 수 있게 한다. 4. 시중에 파는 동전지갑이나 카드지갑 중에서 바느질을 할 수 있는 재질, 천으로 되었거나 가죽으로 되어 있는 동전지갑이나 카드지갑을 장갑에 바느질을 해서 붙인다.
제작결과 기대되는 효과 (경제성, 실용성, 창의성)	1. 장갑에 간단한 동전이나 지폐를 넣어서 지갑처럼 활용하거나 카드를 넣어서 교통카드나 물건 살 때 활용할 수 있게 한다. 2. 장갑을 낀 상태로 손가락을 넣었다가 뺄 수 있고 지퍼로 쉽게 열고 닫을 수 있어서 편리하다. 3. 겨울에 장갑을 벗고 꺼내기 불편한 간단하며 작지만 중요한 것을 장갑의 주머니에 안전하게 넣어서 따뜻한 장갑을 끼고 활동하면 더욱 편리할 것이다. 4. 장갑의 한쪽에는 동전지갑을 넣고 다른 쪽 에는 카드지갑을 매단다. 5. 지퍼 주머니 속에 핫팩이나 손난로를 넣을 수 있어서 추울 때 장갑 이상의 효과를 낼 수 있다.
보완할 점 (고칠점)	1. 겨울에 사용하는 장갑 외에도 다양한 작업을 하면서 직업적으로 장갑을 사용하는 경우가 많다. 그래서 다양한 장갑에 활용할 수 있다. 예를 들어서 설비작업을 하거나 엔지니어링을 할 때 장갑을 끼고 작은 부품을 챙겨야 할 때는 장갑에 있는 주머니에 넣어서 보관하면 좋다. 이때는 주머니를 잘 열고 닫을 수 있도록 찍찍이를 붙여서 붙였다가 때면 된다. 2. 이제는 옷에만 주머니가 있는 것이 아니고 장갑에도 주머니가 있는 것이다. 바지에 지퍼가 있듯이 장갑에도 지퍼가 있는 것이다. 3. 장갑이 전부 좀 많이 두꺼운 비닐로 되어 있어도 투명하면서도 실용적인 장갑이 될 것이다. 속이 다 보이지만 장갑의 역할을 하는 것이다. 4. 장갑에 주머니를 달아서 다양한 디자인을 만든다면 이 또한 새로운 패션장갑의 시대를 여는 것이다.

학생과학발명품경진대회 작품요약서

| 작품명 | 자외선 살균 쓰레기봉투 전용함 |

1. 제작 동기

쓰레기종량제봉투에 쓰레기를 담을 때 마치 우산비닐포장기처럼 쓰레기종량제봉투를 여러 장을 꽂아둔다면 필요할 때마다 쓰레기봉투를 벌려서 사용하면 편리할 것이라 생각했다. 그리고 자외선 등을 설치하여 쓰레기가 담긴 봉투함이 살균이 되어서 여름에는 세균이 번성해서 냄새가 나는 것을 막아 청결하게 사용할 수 있을 것이라 생각해서 이번 작품을 만들게 되었다.

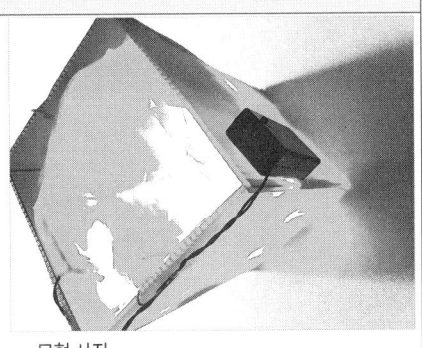
· 모형 사진

2. 작품 내용

가. 작품요약(100자)

가로와 세로 30cm, 높이 50cm인 쓰레기봉투 전용함은 종량제봉투 여러 장을 꽂을 수 있는 고리가 있어서 매번 종량제 봉투를 쓰레기 통에 씌울 필요가 없다. 그리고 쓰레기종량제봉투 한 장을 벌려서 반대쪽 클립 고리에 걸어두면 자연스럽게

쓰레기종량제봉투로 덮어 씌어진다. 그리고 자외선등으로 살균하는 기능이 있어서 위생적인 면에서도 효과적이다.

나. 작품의 원리 및 독창성

비가 올 때 우산에 비닐을 감싸서 실내로 들어가면 빗물이 실내에 떨어지는 것을 막는 우산비닐포장지와 비슷한 원리인데, 이것은 우산을 비닐에 포장해서 그때 그때 비닐이 뜯어져서 사용되어지는 반면에 쓰레기봉투전용함은 쓰레기종량제봉투 한 장을 벌린 후에 쓰레기가 채워질 때 가지 사용하고 난 후 쓰레기가 다 채워졌을 대 입구를 묶어서 꺼내는 것이다. 그리고 다시 새로운 쓰레기종량제봉투 한 장을 벌려서 다시 쓰레기를 채우면서 사용한다. 또 자외선 등을 스위치로 껐다가 켤 수 있게 해서 쓰레기에 묻어 있는 수분으로 인한 세균 번식을 막을 수 있어서 악취도 막을 수 있고 실내에서 사용할 때 위생적으로도 매우 좋은 효과를 낼 수 있다.

다. 선행연구 조사 결과

① 특허정보서비스(www.kipris.or.kr)·················[동일( ) 유사( ) 해당없음(O)]
② 국립중앙과학관(www.science.go.kr) ············· [동일( ) 유사( ) 해당없음(O)]
③ 서울특별시과학전시관(http://www.ssp.re.kr)··········[동일( ) 유사( ) 해당없음(O)]

3. 제작 결과(기대 효과)

쓰레기종량제봉투를 쓰레기통에 씌울 때 따로 찾을 필요 없이 바로 사용할 수 있어서 편리하다. 그리고 부족하면 다시 쓰레기종량제봉투를 채우면 된다. 그리고 쓰레기봉투를 여러 개 걸어서 다른 종류의 재활용쓰레기도 담을 수 있어서 다용도로 활용할 수 있다. 여름에는 쓰레기통 주변에서 세균 번식으로 인한 악취가 나고 벌레가 생길 수 있는데 자외선살균등을 이용하면 이러한 문제도 해결 할 수 있어서 매우 유용할 것이다. 그리고 뭣보다 이 자외선 살균 쓰레기봉투 전용함은 어머니께서 매우 좋아하실 것이다.

학생과학발명품경진대회 작품요약서

작품명	파리&모기 수퍼두퍼(super duper) 끈끈이채

1. 제작 동기

날씨가 따뜻해지기 시작하면 벌레들이 나타나기 시작한다. 특히, 파리나 모기가 생활 속에서 많이 볼 수 있다. 이 모기나 파리를 유인해서 좀 더 쉽게 잡을 수 있는 방법을 없을까 생각했다. 끈끈이주걱이나 파리 지옥 같은 식충식물을 보면서 벌레 잡는 파리&모기 채를 상상했다. 그래서 끈적끈적하게 달라 붙는 성질을 이용해서 따로 파리&모기 채를 손으로 들고 다니면서 잡지 않아도 되는 도구를 만들고 싶어서 고안하게 되었다.

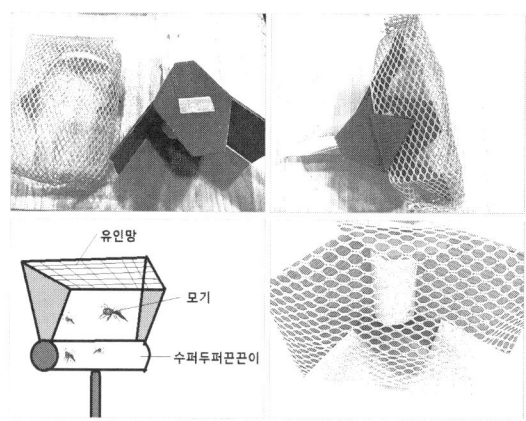

설계도 및 모형으로 만든 모습

2. 작품 내용

가. 작품요약(100자)

유인망을 통해서 들어온 파리나 모기는 끈끈한 부분에 붙게 되어서 잡을 수 있고. 또 다시 파리나 모기가 나가는 길을 찾지 못해서 탈출하지 못하게 한다. 찍찍이를 돌려서 계속 새로운 면이 나올 수 있게 하면 된다. 유인망을 통해서 들어간 벌레는 다시 나오기 어렵다. 손으로 잡으려 하지만 사이 구멍으로 빠져나간다. 이것을 보완하고 전기를 쓰지 않는 친환경적인 파리&모기채라고 할 수 있다.

나. 작품의 원리 및 독창성

효모와 설탕을 넣은 병을 이용해서 이산화탄소를 자연적으로 발생시키면 모기를 유인할 수 있다 또는 파리유인제를 붙여도 파리를 유인할 수 있다. 유인망을 통해서 들어온 파리와 모기는 끈끈이 채에 달라붙게 해서 잡을 수 있다. 따로 전기파리채처럼 전기를 사용하지 않아서 에너지를 절약할 수 있다. 끈끈한 부분은 교체가 가능한 찍찍이로 만들어서 다 쓰고 난 후에 리필 찍찍이로 교체가 가능하다. 끈끈한 부분에 벌레가 붙어서 죽게 되면 찍찍이 롤을 돌려서 빼서 잘라 버리면 새롭게 끈끈한 부분이 나오게 해서 계속적으로 모기&파리를 잡을 수 있다.

다. 선행연구 조사 결과

① 특허정보서비스(www.kipris.or.kr)················[동일( )유사( )해당 없음(O)]
② 국립중앙과학관(www.science.go.kr) ············[동일( )유사( )해당 없음(O)]
③ 서울특별시과학전시관(http://www.ssp.re.kr)···[동일( )유사( )해당 없음(O)]

3. 제작 결과(기대 효과)

친환경적으로 파리나 모기를 잡을 수 있게 한다. 팔을 이용해서 허공에 파리채나 모기채를 움직여서 모기라 파리를 잡으면 팔이 아프고 또 놓치기도 쉽기 때문에 한번에 딱 잡기가 어렵다. 그런데 유인망을 통해서 파리나 모기가 들어가서 다시 나오지 못하게 되면 끈적한 부분에 달라 붙을 수 있어서 힘들지 않게 모기나 파리를 잡을 수 있다.

학생과학발명품경진대회 작품요약서

작품명	발열 살균 방한 마스크

1. 제작 동기

지구 온난화로 인한 기상이변의 일종으로 올 여름에 폭염이 기승을 부렸었다. 그런 후 겨울 더욱 추워서 방한을 위한 다양한 장치가 필요하다고 생각했다. 그 중 하나로 충전식 전기 손난로가 겨울이 되면 유행을 한다. 그런데 겨울이 되면 초미세먼지도 많을 때도 있고 기온도 급격하게 떨어지게 되어서 얼굴을 따뜻하게 보온하고 또한 초미세먼지가 입으로 들어오는 것을 최대한 막을 수 있는 마스크가 있으면 좋겠다는 생각을 했다. 이런 기능을 가진 물건을 만들고 싶어서 제작을 하게 되었다.

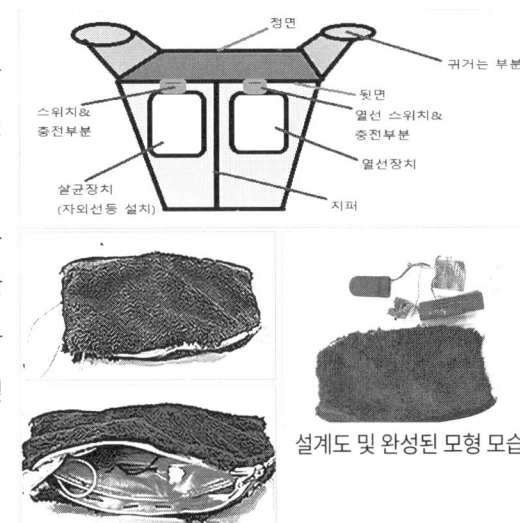

설계도 및 완성된 모형 모습

2. 작품 내용

가. 작품요약(100자)

방한을 위한 극세사 재질의 천으로 이중 마스크를 제작한다. 내부에 열선을 넣어 스위치를 누르면 열이 생기도록 하고, 또한 입김으로 발생하는 세균 번식을 막고 수시로 살균할 수 있게 하는 자외선 등을 장치해서 사용하지 않을 때는 살균하게 한다. 이를 통해서 추운 겨울 얼굴까지 따뜻하게 하고 초미세먼지도 막아줄 수 있는 발열 살균 방한 마스크가 될 수 있다.

나. 작품의 원리 및 독창성

전기의 열작용을 활용해서 니그롬선에 전기가 흐르게 되면 전자와 원자의 마찰력이 강하게 작용해서 생기는 열로 발열이 된다. 또 자외선 등을 장치해서 입김을 통해서 나오는 수분과 외부의 먼지가 달라 붙으면서 생기는 세균의 감염을 수시로 막을 수 있다. 그로 인해 호흡기를 보호해서 감기도 예방할 수 있다. 또한 열선 장치와 살균 장치를 분리할 수 있도록 이중으로 만들어서 극세사로 만든 마스크 외부를 분리해서 세탁을 하면 계속 재활용을 할 수 있어서 친환경적이다. 또 전기 장치는 외부에서 충전을 할 수 있어서 따로 건전지를 사용하지 않아도 된다. 외장의 극세사 천으로 되어 있어서 가볍다.

다. 선행연구 조사 결과

①특허정보서비스(www.kipris.or.kr)·················[동일( )유사( )해당없음(O)]

②국립중앙과학관(www.science.go.kr) ············· [동일( )유사( )해당없음(O)]

③서울특별시과학전시관(http://www.ssp.re.kr)········[동일( )유사( )해당없음(O)]

3. 제작 결과(기대 효과)

가. 경제성 : 겨울에 추울 때 마스크를 쓰고 나가는데 마스크의 수명이 더 길기 때문에 훨씬 오랫동안 사용할 수 있어서 경제적이고 친환경적이다.

나. 안전성 : 마스크안에 살균기능이 있어서 수시로 사용하지 않을 때 살균을 할 수 있게 해서 위생적으로 사용하게 되므로 감염의 위험을 최소화 할수 있다.

다. 편의성 : 마스크에 장작된 살균기와 전열기가 있어서 평소에는 일반 마스크로 사용하다가 매우 추울 때 마스크의 발열 기능을 활용해서 따뜻한 외부 활동을 돕고, 또 그때 그때 마다 바로 살균할 수 있어서 편리

학생과학발명품경진대회 작품요약서

작품명	다기능 탈부착 책상용 미니 수납함

1. 제작 동기

쓰레기통이 멀면 가기 귀찮거나 버리지 않으면 그냥 책상에 쓰레기를 놓기도 합니다. 그래서 책상마다 정리를 하는 데 도움을 주는 물건이 있으면 좋겠다고 생각했고 쓰레기통처럼 뭔가 담을 수 있는 것이 있으면 책상이 안 더러워질 것이라고 생각했습니다. 음료를 마신 후에 남은 것을 책상위에 두었다가 손으로 잘 못 쳐서 음료가 쏟아질 때가 있습니다. 이때 음료를 받쳐 주는 홀더가 있으면 좋겠다고 생각했습니다. 또 필기구를 필요한 것만 꺼내서 두는 꽂이도 있으면 좋겠다고 생각했습니다. 그래서 제작하게 되었습니다.

2. 작품 내용

가. 작품요약(100자)

부직포나 두꺼운 종이로 쓰레기함을 만듭니다. 또한 털실 끈을 이용해서 쓰레기함을 책상에 매달 수 있도록 합니다. 3칸으로 나누어진 함 이어서 한 칸은 일반 쓰레기를 넣고, 다른 칸은 음료 홀더로 사용할 수 있습니다. 또 나머지 한 칸은 학용품을 넣을 수 있습니다. 일반 쓰레기함을 사용하다 보면 때가 묻을 수 있고 또 세균이 침투할 수 있는데 이때 자외선 등을 달아서 살균 장치로 사용할 수 있으며 깨끗하게 쓸 수 있어서 위생적입니다. 압착고무를 이용해서 책상 위에서 떨어지지 않게 합니다.

나. 작품의 원리 및 독창성

자외선 등을 내부에 달아서 뚜껑을 닫아놓고 살균도 시킬 수 있습니다. 압착고무를 이용해서 매끈한 곳에 놓고 가운데를 손가락으로 누르면, 흡착판과 바닥 사이의 공기가 밖으로 빠져 나갑니다. 이때 흡착판 밖에 있던 공기가 이 흡착판을 모든 방향에서 눌러 주어 떨어지지 않게 되는 것입니다. 이 원리를 이용해서 다기능 탈부착 책상용 미니 수납 주머니를 고정해 놓을 수 있어서 안전하게 사용할 수 있습니다.

다. 선행연구 조사 결과

① 특허정보서비스(www.kipris.or.kr) ············· [동일( ) 유사( ) 해당없음(O)]

② 국립중앙과학관(www.science.go.kr) ·········· [동일( ) 유사( ) 해당없음(O)]

③ 서울특별시교육청과학전시관(http://www.ssp.re.kr) [동일( ) 유사( ) 해당없음(O)]

3. 제작 결과(기대 효과)

교실 바닥이나 책상에 쓰레기가 떨어지지 않아서 매우 쾌적한 환경에서 공부를 할 수 있습니다. 또한 책상 위에 쓰레기 주머니 놓고 쓰레기를 바닥에 버리지 않는 훈련을 하면 밖에서도 좋은 습관을 길러서 환경을 아끼는 마음이 생길 수 있습니다. 책상 위에 필통을 놓지 않아도 되어서 책상 위의 부피를 적게 차지하게 해서 효율적인 공간으로 책상을 이용할 수 있습니다.

학생과학발명품경진대회 작품요약서

작품명	에너지 하베스팅 도시락가방

1. 제작 동기

나는 평소에 에너지에 대해서 관심이 많다. 최근에 체열로 전기를 만들어서 우주인의 건강을 체크하는 헬스케어기기에 대해 보게 되었다. 팔에 차는 것만으로도 에너지가 생성될 수 있는 것을 보고 생활 속에서 발생하는 온도차이로 자연스럽게 에너지를 만들 수 있지 않을까 고민하다가 에너지하베스팅을 하는 가방을 생각하게 되었다. 요즘에 코로나19로 인해 도시락을 싸서 다닐 일이 많은데 외부 온도와 도시락 속 음식물의 온도 차이를 전기로 만들어내 충전기로 활용하면 좋을 것이라고 생각하여 고안해 보았다.

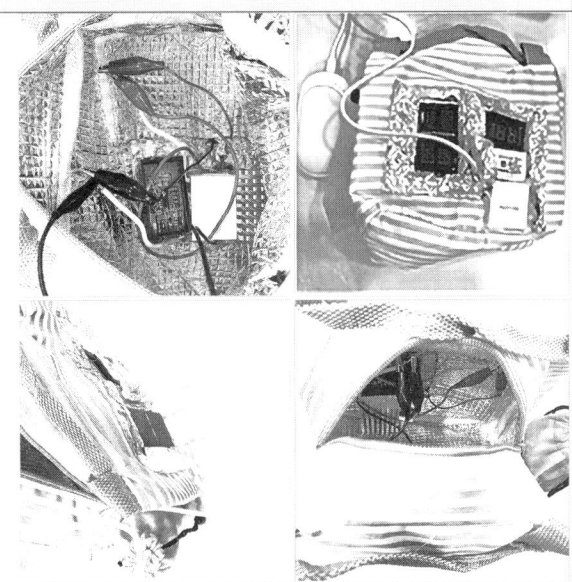

2. 작품 내용

가. 작품요약(100자)

평소에 사용하는 도시락 가방을 활용한다. 가방 내부는 보온 기능을 높이기 위해서 단열효과가 높은 스티로폼 재질과 열의 복사를 막기 위한 은박지 재질로 되었다. 그리고 외장에는 열전소자를 장착하여 온도차이 발전을 시킨다. 태양광발전기도 함께 외부에 설치해서 효과적으로 전기생성을 하게 한다. 가방의 가운데에는 전기를 모으는 장치인 충전기와 전압표시장치, 그리고 옆에는 보조 베터리를 함께 설치한다. 이렇게 두 장치를 통해 수시로 생성되는 전기를 모아서 충전할 수 있다.

나. 작품의 원리 및 독창성

도시락 가방 속에 들어가게 되는 차가운 물질의 경우 처음에는 외부 온도와 차이가 크다. 이것을 이용해서 온도 차이가 생기는 동안에 열전소자에 온도차 발전을 시킬 수 있고 이때 만들어진 전기를 보조 베터리로 이동시켜서 충전하게 한다. 따뜻한 물질도 동일한 방법으로 외부와 내부의 온도차이가 생기는 동안에 전기를 생성하게 한다. 열전소자에 생성된 전기를 충전장치로 이동할 때 축전기(주로 전자회로에서 전하를 모으는 장치)처럼 전기를 모으는 장치를 활용한다. 내부 재질이 은박재질이어서 복사열을 반사할 수 있어서 외부로 열이 이동하는 것을 더 막을 수 있어서 온도차이가 더 오랫동안 지속되게 해서 전기에너지 생성을 돕는다. 태양광 발전기를 겉부분에 달아서 또 전기에너지를 충전하게 한다.

다. 선행연구 조사 결과

① 특허정보서비스(www.kipris.or.kr)················[동일( )유사( )해당없음( )]

② 국립중앙과학관(www.science.go.kr)············[동일( )유사( )해당없음( )]

③ 서울특별시교육청과학전시관(http://www.ssp.re.kr)···[동일( )유사( )해당없음( )]

3. 제작 결과(기대 효과)

열전소자 보조 베터리를 넣고 도시락가방을 들고 다니면 일단 휴대폰 충전도 수시로 할 수 있고, 여름에는 핸드선풍기를 많이 사용하는데 야외에서 너무 더우면 선풍기를 오랫동안 사용하게 되어서 베터리가 빨리 소모된다. 이때 충전도 할 수 있다. 또 겨울에는 전기손난로를 가지고 다니는데 이때도 부족한 전기를 보충할 수 있도록 활용할 수가 있다. 이렇게 생활 속에서 소소하게 사용할 수 있는 에너지하베스팅가방이 될 수 있다. 다른 가방에도 응용가능하다.

Part 5 　　　　**발명 대회에 제출한 다양한 작품 설명서 예시**

버튼식 길이 조절 줄넘기

1. 동기
우리 가족은 가볍게 운동을 하기 위해서 가끔 줄넘기를 한다. 동생은 저학년이라서 아직 키가 작아 어린이용 줄넘기를 사용해도 길어서 운동하는 데에 어려움이 있었다. 그리고 길이 조절을 하려고 할 때 기존의 줄넘기는 복잡한 과정을 반복해서 줄여야 하기 때문에 번거롭다. 그래서 줄넘기 길이 조절이 좀 더 다양하게 되면서도 간편하게 조절할 수 있으면 좋겠다고 생각하였다. 그리고 집에서 사용하는 진공청소기의 전선줄을 조절하는 것을 보고 아이디어를 떠올려서 이 기능을 줄넘기의 길이를 조절하는 것에 적용하면 좋겠다고 생각하여서 제작하게 되었다.

2. 목적
줄넘기의 길이를 좀 더 쉽고 간편하게 조절하면서 다양한 사람들이 사용할 수 있도록 하는 실용성을 높이기 위해서 제작하게 되었다.

3. 작품내용
1) **작품요약** ; 줄넘기의 길이를 조절할 때 편리한 길이만큼 늘렸다가 다시 버튼으로 눌러서 줄일 수 있다. 그리고 다양한 길이로 조절이 가능하며 어른부터 어린이까지 모두 하나의 줄넘기를 이용할 수 있게 된다. 그리고 줄넘기의 길이를 매우 짧게 할 때는 팔을 돌리는 스트레칭용으로도 활용할 수 있다.

2) **작품의 원리 및 독창성** ; 진공청소기를 사용할 때 코드를 꽂기 위한 전선을 뺀다. 이때 전선은 길게 손으로 잡아서 늘리면 멀리까지 갈 수 있다. 그리고 버튼을 누르면 길이가 짧아지면서 자연스럽게 원래대로 감겨서 들어간다. 이처럼 줄넘기의 손잡이 부분을 만들어서 자연스럽게 길이를 조절할 수 있게 한다. 버튼을 누르면서 줄이 당겨질 때는 용수철의 탄성을 이용해서 원래대로 돌아가게 된다. 그리고 길게 늘릴 때는 버튼을 누르지 않으면 줄을 잡아주기 편하게 줄넘기를 할 수 있다.

4. 제작과정
설계도를 바탕으로 3D 프린터로 줄넘기의 외형 및 단면을 제작하였다. 그러나 제작하면서 스프링을 달아서 길이 조절하는 부분은 어려움이 있어서 작품 설명서에 넣었지만 실제로 버튼으로 작동이 되는 줄넘기를 제작하지는 못하고 모형을 제작하는 것으로 완성하였다. 진공청소기 속에 있는 전선의 길이조절장치를 작게 손잡이 형태로 만들 수 있다면 가능할 것이다. 그래도 모형을 통해서 어느 정도 버튼을 누르고 길이를 조절하는 형태로 보여줄 수 있도록 하였다.

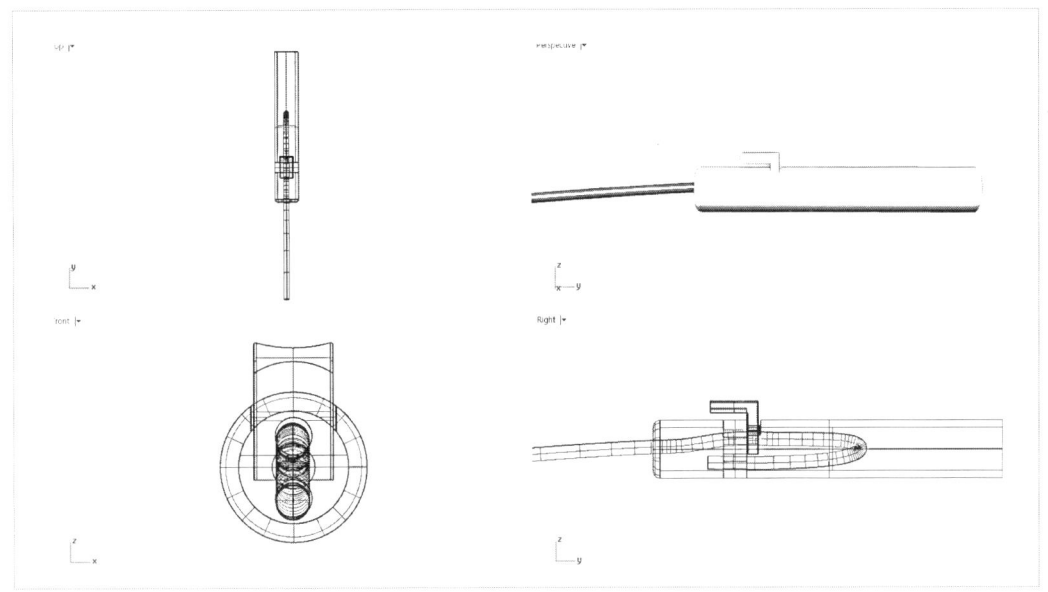

< 3D 프린터로 출력을 하기 위한 버튼식 길이조절 줄넘기 내부 설계도면 >

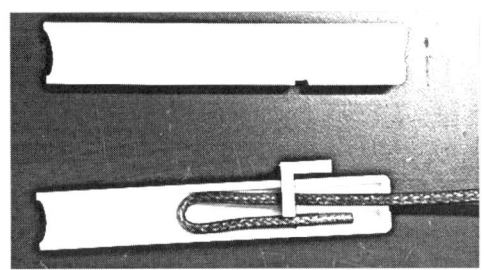

< 버튼식 길이조절 줄넘기의 외형 및 단면을 3D 프린터로 출력하여서 만든 제작 모형 >

5. 활용성 및 전망 효과

기존의 줄넘기는 길이를 조절 할 때 손잡이 끝부분에 있는 뚜껑을 열어서 줄을 빼고 다시 원하는 길이가 되도록 하고 남은 부분은 감아서 묶어서 손잡이 끝부분에 넣어야 하는 번거러움이 있다. 그러나 버튼식 길이조절 줄넘기는 간편하게 길이를 조절할 수 있기 때문에 매우 편리하다. 그리고 사람마다 키가 다를 수 있는데 그때마다 줄의 길이를 조절하지 않아도 되며 사람마다 다른 종류의 줄넘기를 살 필요가 없어서 경제적으로 매우 유용하다.

요리할 때 생기는 유해 연기 흡입 & 용해 장치

1. 동기
집에서 고기를 구울 때 연기가 너무 많아서 공기가 안 좋아진다. 미세먼지가 많을 때는 창문을 잘 열지 못하기 때문에 실내의 공기가 더욱 안 좋아진다. 그래서 고기를 구울 때 나오는 연기를 따로 모아서 활용한다면 공기도 나빠지지 않고, 새로운 것으로 이용할 수 있을 것이라고 생각했다. 페브리즈와 같은 분무기로 고기 구울 때 나는 냄새를 없애는 것을 보고 연기를 모아서 물에 녹이면 될 것이라고 생각해서 제작하게 되었다.

2. 목적
가. 요리 할 때 나오는 연기를 흡입하여서 최대한 실내 공기의 오염을 막기 위해서 이 장치를 만들게 되었다.

나. 용해된 물을 그냥 버리는 것이 아니라 이 물을 식물에게 필요한 무기양분으로 활용하면 재활용이 되고 오염수를 방출하지 않아도 되므로 좋다.

3. 작품내용
고기를 구울 때 연기가 나면 이 곳에 장치를 가져가서 연기를 계속 흡입시킨다. 또 흡입시킨 연기는 연기 용해장치로 모여져서 물에 용해 되도록 한다. 연기를 흡입할 때는 진공청소기와 같이 공기를 흡입하는 장치를 통해서 가능하다.

4. 발명품에 대한 기존 자료 수집 및 조사

가. 발명관련 인터넷 사이트 검색

[그림 1] 발명관련 인터넷 사이트 검색

나. 관련된 발명 작품 목록 조사
- 관련 작품이 있는지, 유사 작품이 있는지 검색을 통해서 알아보았다.

그러나 제목을 친 후에 찾아보니 비슷한 것도 없었다.

5. 발명품에 적용된 과학적 지식 및 원리 탐구 활동과 선행조사 결과

가. 미세먼지를 어떻게 줄일까?

그 전에 미세먼지와 친한 것을 찾아서 함께 모아서 제거하게 된다면 훨씬 미세먼지를 줄이는 데 도움을 줄 것이다. 그래서 물과 미세먼지와의 관계를 알아보았다.

1) 먼저, 물방울과 먼지 사이의 마찰전기로 인해 일어날 수 있다. 물방울을 이루고 있는 물 분자는 극성 분자로 약간의 전기성을 띠고 있다. 이 전기와 먼지가 전기성을 띠어 두 물체 사이에 마찰 전기의 인력으로 인해 끌어들여 먼지가 흡입하는 것이다. 그래서 먼지를 제거하기 위해 물을 뿌리는 것이다.

2) 두 번째로 물의 장력을 들 수 있습니다. 물은 물방울 사이에 물의 장력이 존재하지요. 물의 장력 때문에 물방울이 둥글게 보이는 이유도 여기 있지요. 따라서 먼지가 물방울 속에 들어간다면 물의장력으로 인한 힘 때문에 먼지가 잘 빠지나 가지 못하기 때문에 먼지를 없애는데 물이 쓰이는 것입니다. 또한 미세먼지는 습도가 낮은 건조한 곳에서 만들어지므로, 젖은 수건이나 물뿌리개로 물을 뿌려주면 공기 중의 미세먼지가 수건이나 물뿌리개의 수분에 흡착되어 급격하게 줄어들게 됩니다.

나. 물의 특성

화학적으로는 산소와 수소의 결합물이며, 천연으로는 도처에 바닷물·강물·지하수·우물물·빗물·온천수·수증기·눈·얼음 등으로 존재한다. 지구의 지각이 형성된 이래 물은 고체·액체·기체의 세 상태로 지구표면에서 매우 중요한 구실을 해왔다.

즉, 지구 표면적의 4분의 3을 바다·빙원(氷原)·호소(湖沼)·하천의 형태로 차지하고 있는데, 이 물을 모두 합하면 약 13억 3000만㎢에 달한다. 또 지구 내부의 흙이나 바위 속에 스며 있거나 지하수의 상태로 약 820만㎢가 존재한다.

다. 물 분자의 구조

물의 조성을 처음으로 발견한 사람은 J.프리스틀리이다. 그는 1771년에 수소와 산소(또는 공기)를 혼합하고 전기 스파크를 일으키면 물이 생기는 것을 발견하였다. 또한 H.캐벤디시는 1771년부터 1784년에 걸쳐 정확한 실험을 되풀이하여, 수소 2부 피와 산소 1부피에서 물이 생성됨을 확인하였고, 라브와지에도 1785년에 가열된 철관 속에 물을 통과시키면 수소가 발생하는 것을 확인하고, 물은 수소와 산소로 이루어진다는 것을 실증하였다(철은 산소에 의해서 산화철이 되었음).

다시 W.니콜슨 등은 볼타 전지에 의해서 처음으로 전기분해를 하여, 양극에 산소가 1부피, 음극에 수소가 2부피 발생하는 것을 알았는데, 이 것은 J.L.게이-뤼삭에 의해서 보다 정밀하게 실증되었다. 여기서 물은 수소와 산소로부터 생기고, 그 조성은 수소 2대 산소 1이라는 것이 밝혀졌다.

이와 같이 물은 수소2, 산소1로 되어 있는 물질이며, 화학식은 H_2O 이다. 물은 액체, 고체, 기체일때 분자의 존재상태가 달라 진다. 즉, 기체상태인 수증기 속에서는 독립된 분자로, 고체인 얼음결정 속에서는 수소결합에 의하여 육각결정구조를 가지고, 액체인 물에서는 공유결합과 수소결합의 특성을 가진 분자 특성을 가지고 있다.

물 분자는 공유결합 구조와 수소결합 구조로 되어 있으며 아래의 분자 구조처럼 2 원자가 한 전자의 쌍을 공유함으로써 이루어진 결합으로 이루어져 있고 이것을 공유 결합 또는 전자쌍결합이라 한다.

O—H, H—H, F—H 결합을 가진 물분자는 산소, 질소 또는 플루오르원자를 포함하는 다른 분자들과 결합하는 경향이 있으며 이러한 결합은 수소원자를 중간에 두고 이루어진다. 다시 말하면 이때 수소 원자는 전자를 세게 잡아당기는 2원자, 특히 산소, 질소, 플루오르 원자들을 연결하는 다리 구실을 할 수 있다. 이러한 결합을 수소결합이라고 부른다.

수소결합은 공유결합보다 훨씬 약하기는 하지만 이 결합은 분자의 물리적 및 화학적 성질에 큰 영향을 미친다. 물 분자는 산소, 질소 또는 플루오르를 포함하는 다른 분자들과 수소결합을 할 뿐만 아니라 물분자 서로간에도 이러한 결합이 이루어진다.

물 분자는 저희끼리 결합하거나 화합하여 큰 집합체를 만든다. 물의 특이한 성질들은 그 대부분이 물 분자가 집합체를 만드는데 기인한다. 1개의 물분자는 수소와 산소가 공유결합을 하고 있지만 2개의 물분자 사이에는 한쪽은 수소, 다른 쪽은 산소가 전기적으로 끌어 당겨 수소결합을 이룬다. 수소결합은 이온결합이나 금속결합에 비하여 결합에너지가 매우 적다.

출처: 두산백과, 네이버 뉴스 기사 참조

라. 대기 오염물질

대기물질 중에서 인공적 또는 천연적으로 발생한 것으로 생물이나 물질에 악영향을 끼치는 미량물질. 가스 상태의 오염물질과 분진으로 나눌 수 있다. 전자에는 아황산가스·일산화탄소 등이 있으며, 후자에는 미량중금속·규산·유기물질 등이 있다. 대기오염 물질은 오늘날의 측정기술로 측정할 수 있는 것만도 200종류가 넘으며, 앞으로 미량물질의 측정방법이 진전되면 증가될 것이다. 분진에는 가스의 흡착도 있어 복잡한 오염물질의 형태를 가지는 것이 많고, 대기 중에서 오염물질이 서로 반응하여 새로운 오염물질을 생성하기도 한다.

[네이버 지식백과] 대기오염물질 [大氣汚染物質] (두산백과)

마. [KBS] '요리할 때 나는 연기, 폐암 유발?' 인터뷰 _ 김상헌 의학전문대학원 교수

〈2015년 3월 23일 뉴스〉

▲ 3월 23일 [KBS]뉴스 김상헌 교수 인터뷰

김상헌 의학전문대학원 교수는 "요리할 때 나오는 연소 가스들이 기관지에 직접적인 자극이 돼 염증을 일으키고요. 장기간 노출이 되었을 때 만성기관지염과 만성 폐쇄성 폐질환, 또는 폐암과 같은 질환을 일으키는 하나의 위험 요소로서 작용할 수 있습니다"고 설명했습니다.

http://www.hanyang.ac.kr/surl/dywB

바. 고기 구운 지 10분, 초미세먼지 농도 97 > 1013으로 뛰었다

본지 취재팀이 고깃집에서 직접 측정해보니 지난 16일 오후 서울 무교동의 한 고깃집. 오후 6시 15분쯤 4~5인석 테이블 두 개가 놓인 방 안에 앉았다. 아직 고기를 굽기 전인데도 홀 테이블 연기가 간간이 흘러들어 오면서 초미세 먼지(PM2.5) 농도는 1㎥당 90~100㎍ 사이를 오갔다.

오후 6시 27분쯤 소고기 등심과 차돌박이 한 줌(약 100g), 양파·버섯 등 야채를 불판에 올리자 순식간에 얇은 차돌박이 일부 조각에서 탄내와 함께 연기가 올라오면서 초미세 먼지 수치가 400㎍/㎥을 넘었다. 고기뿐 아니라 야채가 검게 그을리며 연기가 심하게 날 땐 600㎍/㎥까지 치솟았다.

◇고기 구이집 최고 1000㎍/㎥ 기록

일반적으로 고농도 초미세 먼지 사례는 중국에서 오염 물질이 건너온 상태에서 대기 정체로 국내 요인이 쌓이면서 발생하는 경우가 대부분이다. 그러나 대기 오염이 아닌 경우에도 일상생활에서 고농도 미세 먼지에 노출될 수 있기 때문에 주의가 필요하다.

지난 16일 서울 중구 한 고깃집에서 본지 취재팀이 고기를 구울 때 발생하는 초미세 먼지 농도를 측정하고 있다. 고깃집 내부 공간에 1㎥당 826㎍의 미세 먼지가 있다는 수치가 왼편에 있는 간이 측정기 화면에 떠 있다. 고깃집 실내 미세 먼지 농도는 고기 굽기 시작할 때 100~200㎍/㎥ 수준이었다가 기름이 튀고 연기가 많아지자 1000㎍/㎥까지 솟았다. /남강호 기자

임종한 인하대 작업환경의학과 교수는 "청소기를 돌리거나 카펫 위 아이들이 뛰놀 때도 야외의 '매우 나쁨' 수준의 초미세 먼지가 나올 수 있다. 특히 실내에서 고기를 구울 땐 고농도의 초미세 먼지에 노출될 수 있으므로 꼭 환기시킬 필요가 있다"고 했다.

본지 취재팀이 서울의 한 고깃집과 생선구이 골목을 돌며 고성능 간이 측정기로 미세 먼지 농도를 측정해보았다. 처음 고기를 넣었을 때 600㎍/㎥을 보인 수치는 고기양을 더하면서 기름이 사방으로 튈 정도로 불판 온도가 높아지자 1013㎍/㎥을 기록하기도 했다. 관측 사상 최고치를 기록한 지난 14일 서울의 일평균 초미세 먼지 농도 129㎍/㎥의 8배 가까운 수치였다. 이 고깃집은 테이블마다 후드 설치가 돼 있지 않았고 방 한구석에 작은 환풍구만 하나 있어 연기가 제대로 빠져나가지 않았다.

오후 6시 48분쯤 불판의 불을 끄고 8분쯤 지나 냄새와 연기가 가시자 수치는 97㎍/㎥까지 떨어졌다. 그러나 불판에 볶음밥을 볶자 연기가 자욱해지면서 수치는 다시 190㎍/㎥으로 올랐다. 또 오후 6시 55분쯤 옆 테이블 손님들이 고기를 굽기 시작하자 수치가 309㎍/㎥까지 올라갔다. 취재팀이 이날 밤 서울 종로구 종로5가 생선구이집을 찾았을 때도 주문한 고등어 직화 구이에서 살짝 탄내가 퍼지자 기기의 수치는 356㎍/㎥까지 올라갔다.

◇고기 구울 땐 반드시 환기해야

2015년 기준 전국 미세 먼지 배출원의 4%가량을 생물성 연소가 차지했다. 나무 연료나 농업 잔재물 소각 시에 발생하는 것까지 포함한 것이므로 고깃집·생선구이집 등에서 발생하는 미세 먼지는 전체 미세 먼지 농도에서 큰 비중을 차지하지 않는 셈이다. 그러나 전문가들은 "전체 미세 먼지 농도에는 큰 영향이 아니더라도 (불판

등의) 바로 옆에 앉아 있는 몇 명에게는 적지 않은 영향을 줄 수 있으니 주의가 필요하다"고 말했다. 이용제 강남세브란스 병원 가정의학과 교수는 "야외 미세 먼지엔 자동차 연료를 태운 복합적인 오염 물질이 포함돼 있지만, 고온의 불판이나 참숯·연탄에 고기·생선의 지방이 닿아 타면서 나오는 미세 먼지에는 벤조피렌 등 발암성 물질이 섞여 있다"고 말했다. 홍지형 인하대 교수는 "야외의 나쁨 수준 미세 먼지보다 고깃집에서 나오는 고농도 미세 먼지가 더 해로울 수도 있다"고 말했다. 이에 따라 식당 등 미세 먼지를 구체적으로 규제하는 나라가 적지 않다. 하지만 아직 우리나라에는 고깃집 환기구나 후드 사용 의무화에 대한 규정조차 없는 실정이다.

송철한 광주과학기술원 지구환경공학부 교수는 "중국 정부는 야외 연탄구이를 금지하고 미국 캘리포니아주는 스테이크를 굽는 사업장은 반드시 환기구를 달게 한다. 국내는 따로 규제가 없고 특히 소형 영세업장 등은 비용을 이유로 이런 시설을 마련하지 못하는 실정"이라고 말했다.

☞초미세먼지 1013 수치: 환경부는 초미세 먼지 농도가 36㎍/㎥을 넘기면 '나쁨', 76㎍/㎥을 넘기면 '매우 나쁨'으로 분류한다. 본지 취재팀이 측정한 1013㎍/㎥은 '매우 나쁨' 기준치 76㎍/㎥의 13배가 넘는 수치다.

사. 요리 재료 별 미세먼지 발생량 비교

요리재료별 미세먼지 발생량 비교

조리재료	후드 가동여부	미세먼지 PM10(㎍/㎥)	초미세먼지 PM2.5(㎍/㎥)
고등어	비가동	2530	2290
	가동	241	234
돈가스	비가동	181	172
	가동	130	127
계란후라이	비가동	1160	1130
	가동	71	64
삼겹살	비가동	1580	1360
	가동	129	112
볶음밥	비가동	201	183
	가동	41	40

자료: 환경부

아. 실내요리할 때 미세먼지, 폼알데하이드 등 오염물질 대거 발생

환기유형별 미세먼지 발생량(고등어 구이)

구분	PM 2.5 (㎍/㎥)	폼알데 하이드 (㎍/㎥)	휘발성 유기화합물 (㎍/㎥)	블랙카본 (㎍/㎥)	CO (ppm)	CO₂ (ppm)
밀폐	2290	324	40.13	5.80	0.80	1712.7
밀폐+후드	741	102	18.66	1.83	0.50	1089.4
자연 환기	176	42	78.93	1.28	0.47	804
자연환기+ 후드가동	117	48	90.1	0.96	0.27	794.9

출처: ┅ 글로벌 녹색성장 미디어 - 이투뉴스(http://www.e2news.com)

6. 제작과정

가. 설계도 및 설명

1) 작품의 설계도

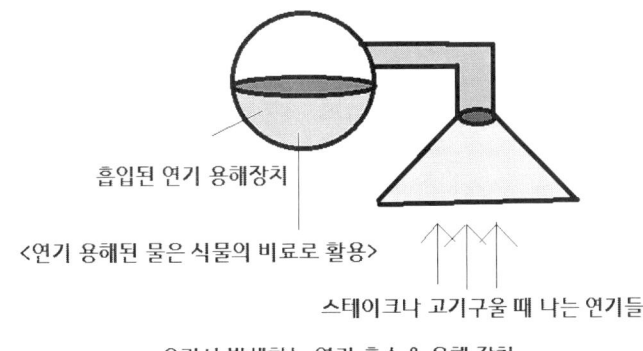

요리시 발생하는 연기 흡수 & 용해 장치

2) 설계도 설명: 음식을 만들 때 고기를 구울 때가 있다. 이 고기를 구울 때 나는 연기를 빨아들이는 장치이다. 이 연기를 흡입해서 빨아들이고 이 연기를 한쪽으로 압축을 시켜서 용해장치에 모을 수 있게 한다.

나. 용해 장치의 원리

1) 고기를 구울 때는 나는 연기는 인체에 해로운 물질이 있다. 실제로 고기 구울 때 생긴 연기 때문에 기침을 호소하는 사람들이 있다. 이는 고기 구울 때의 연기가 호흡기로 들어가면서 방어 작용으로 나타나는 증상, 호흡기를 자극하는 물질이 있다는 뜻이다. 특히 양념된 불고기를 구울 때 생기는 연기는 직접적으로 한꺼번에 많이 흡입하는 것을 피해야 한다. 울산대 건설환경공합부 이병규 교수가 지난 해 대기 환경학회 학술 대회에서 발표한 내용에 따르면 불고기를 구울 때 발생하는 연기의 미세먼지 및 포름알데히드 농도 비교 분선 결과 기준치를 초과한 것으로 나타났다.

2) 이런 미세먼지와 포름알데히드 물질은 일반적으로 물과 잘 섞이고 물에 잘 녹는다. 그리고 이것이 물에 녹아서 액성을 산성으로 만드는데 이것을 염기성 물질로 중화시켜서 배출시키거나 또는 식물의 비료로 사용할 수 있다. 생활 속에서 염기성 물질은 베이킹 소다를 이용하면 친환경적이다. 용해시키는 물질로 베이킹 소다 물을 이용하면 된다.

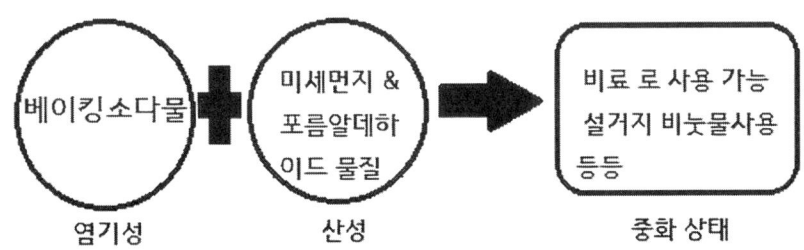

다. 작품 제작 과정

1) 제작을 위한 1차 설계도

 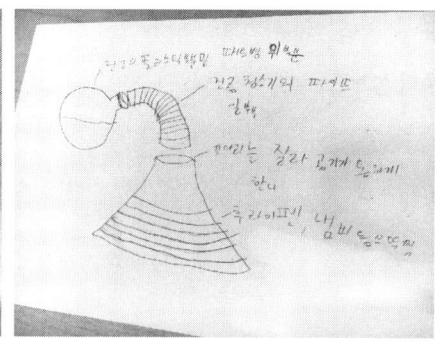

연기를 흡입하는 장치에 대한 생각을 정리한 후에 설계도를 그려보았다.

2) 제작을 위한 2차 설계도

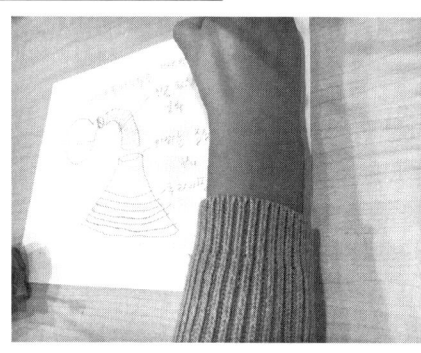 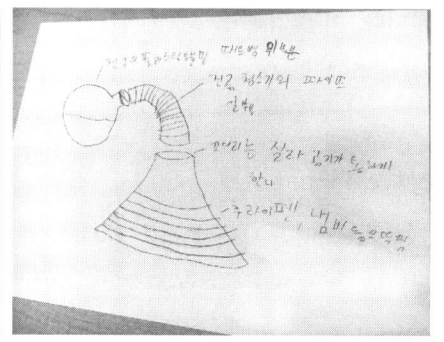

흡입 장치에 대한 구체적인 역할과 기능을 설계하면서 어떻게 만들지 구상하였다.

3) 제작을 위한 3차 설계도
- 용해된 물을 이용해서 식물을 키울 때 사용하는 영양물질로 활용하게 하는 과정을 생각하고 설계해 보았다.

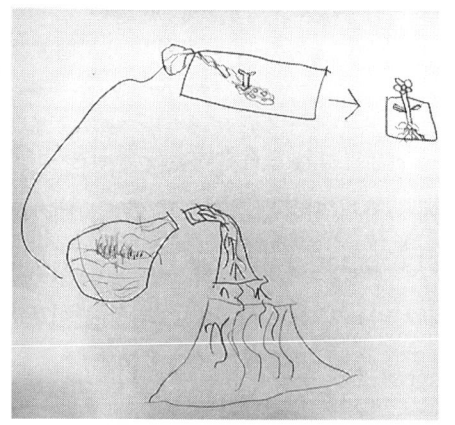

4) 작품 제작 과정

가) 준비물 ; 패트병, 건전지, 자외선 LED, 프로펠러, 전선, 풍선, 칼, 병, 물, 빨대, 은박지테이프, 스위치, 투명플라스틱 컵, 가위, 전동기

나) 제작 방법
① 패트병과 플라스틱 컵을 연결시켰다.
② 패트병 한쪽은 열어 놓은 상태로 프로펠러와 전동기를 설치하여서 공기를 빨아들이도록 한다.
③ 빨아들이는 바람은 다른 곳으로 세어나가지 않도록 은박지 테이프로 막는다.
④ 하나의 구멍으로 풍선을 연결시켜서 바람이 한쪽으로 모이는지 확인했다.

⑤ 패트병 옆에 송곳으로 구멍을 뚫어서 빨대를 연결하고 병 속에 물속으로 물이 들어가게 한다.
⑥ 오랫동안 보관해야 하는 용해 장치의 특성상 자외선 살균장치를 달아서 소독할 수 있게 한다.

다) 장치에 대한 설명
① 진공청소기처럼 공기 빨아들이는 장치를 만들어서 고기를 구울 때 연기 흡입장치로 활용한다.
② 또한 연기에 포함된 성분이 초미세먼지와 비슷한 물질이기에 물에 잘 녹는다는 것을 통해서 흡입된 연기가 물이 들어 있는 곳으로 가서 용해되도록 한다.
③ 이 연기가 용해된 물은 나중에 식물에 무기질을 공급해 줄 수 있는 영양물질로 활용할 수 있다.
④ 그냥 폐수로 버리지 않고 식물에 주기 때문에 재활용할 수 있어서 좋다.
⑤ 자외선 살균 소독기를 장치하여 살균도 시켜서 이용한다.

〈위에서 내려다 본 모습〉

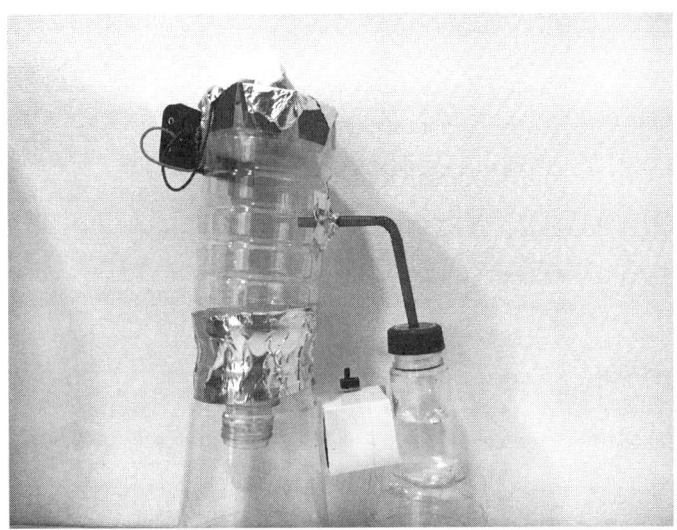

〈옆에서 본 모습〉

7. 활용성

가. 집 안에서 생기는 나쁜 공기 물질을 흡입하고 또 흡입한 공기를 다시 모아서 물에 용해시키므로 친환경적인 장치로 활용이 가능하다.

나. 용해시킨 물을 토마토 모종을 키울 때 사용한다. 용해된 물을 토마토 모종을 키울 때 넣어서 고기 구울 때 나오는 기체를 용해시킨 물이 식물이 생장에 어떠한 영향을 주는지 알아본다.

다. 또 용해시킨 물의 액성을 직접 측정해서 조사해 본다. 이 용해 시킨 용액의 액성이 산성이면 염기성이 소다를 넣어서 산성의 세기를 약하게 만들면 더 유용하게 쓸 수 있을 것이다.

토마토 모종을 키울 때 다른 조건을 동일하게 유지하면서 흡입한 연기가 녹아 있는 물을 넣으면서 키워보면 달라지는 것을 확인할 수 있을 것이다.

8. 전망 및 효과

1) 고기를 구울 때 나는 연기 말고도 다른 요리, 즉 찌개나 국이나 찜, 전 등을 할 때도 냄새와 수분이 포함된 연기도 흡입할 수 있게 한다. 그래서 주방에서 생성된 또 다른 공기 오염물질들을 재빠르게 제거할 수 있는 효과가 있다. 또 이 연기들은 수분이 섞여 있어서 물에 잘 녹는다.

2) 만약에 이 장치를 크게 만들 수 있다면 가정이 아닌 큰 규모의 식당에서도 사용할 수 있다.

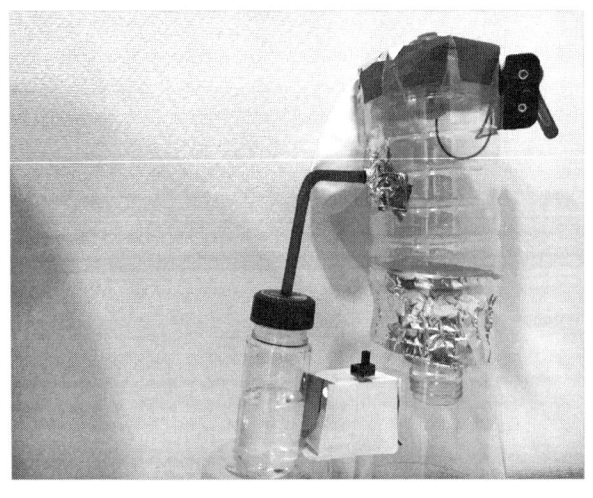

9. 이번 발명품 제작을 마친 후 결론

나는 요리에 나오는 연기 흡입기를 만들었다. 이 장치를 만들었을 때의 좋은 점은 미세먼지로부터 환경 오염시키는 요리의 연기를 진공청소기의 흡수하는 성질을 이용해서 안 좋은 연기를 흡수한다. 흡수한 연기를 파이프를 통해서 물에 녹는다. 그 녹은 연기와 물은 식물에 뿌려 재활용 시킨다.

이 장치를 만들 때는 솥뚜껑의 손잡이를 잘라 거기에다가 파이프를 달아 통에다가 옮길 수 있게 한다. 통은 뺄 수 있게 해서 물을 넣는다. 이 세 가지를 모두 이어준다면 흡입 장치를 완성할 수 있다. 이렇게 흡입장치 모형을 만들면서 나는 진짜로 만들 수 있으면 좋겠다는 생각이 들었다. 하지만 할 수 없어서 아쉬웠다.

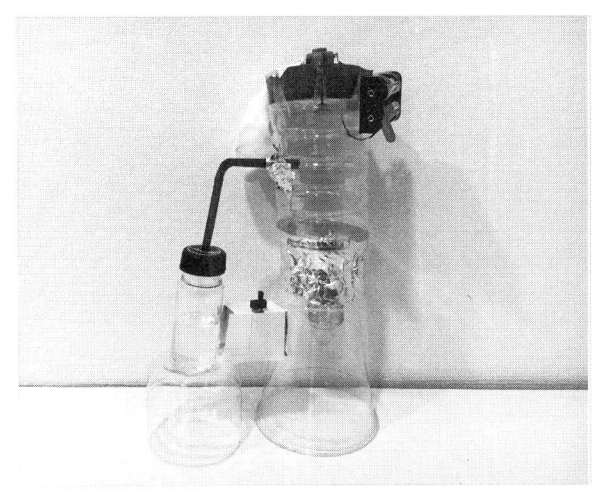

< 발명품 모형을 제작한 후 완성한 모습 >

10. 참고한 책과 인터넷 사이트

가. 과학발명, 한국학교발명협회, 2019..

나. 울산발명교육교과연구회, 발명의 세계로 날아라, 2004.

다. 우리들은 발명꿈나무(중급), 한국학교발명협회, 창의마당연구소, 2010.

라. 국립중앙과학관 (http://www.science.go.kr)

마. 특허정보검색서비스 (ttp://www.kipris.or.kr)

바. 구글 (http://www.google.co.kr)

사. http://news.chosun.com/site/data/html_dir/2019/01/22/2019012200330.html

아. http://www.hanyang.ac.kr/surl/dywB

에너지 하베스팅 도시락가방

1. 작품제작의 동기 : 나는 평소에 에너지에 대해서 관심이 많다. 최근에 체열로 전기를 만들어서 우주인의 건강을 체크하는 헬스케어기기에 대해 보게 되었다. 팔에 차는 것만으로도 에너지가 생성될 수 있는 것을 보고 생활 속에서 발생하는 온도차이로 자연스럽게 에너지를 만들 수 있지 않을까 고민하다가 에너지하베스팅을 하는 가방을 생각하게 되었다. 요즘에 코로나19로 인해 도시락을 싸서 다닐 일이 많은데 외부 온도와 도시락 속 음식물의 온도 차이를 전기로 만들어내 충전기로 활용하면 좋을 것이라고 생각하여 고안해 보았다.

2. 목적 : 이 작품을 통해서 에너지 하베스팅에 대한 원리를 이해하고 생활 속에서 활용할 수 있는 에너지 활용 제품을 다양하게 개발하는 데에 기여하고 싶다.

3. 작품내용 : 평소에 사용하는 도시락 가방을 활용한다. 가방 내부는 보온 기능을 높이기 위해서 단열효과가 높은 스티로폼 재질과 열의 복사를 막기 위한 은박지 재질로 되었다. 그리고 외장에는 열전소자를 장착하여 온도차이 발전을 시킨다. 태양광발전기도 함께 외부에 설치해서 효과적으로 전기생성을 하게 한다. 가방의 가운데에는 전기를 모으는 장치인 충전기와 전압표시장치, 그리고 옆에는 보조 베터리를 함께 설치한다. 이렇게 두 장치를 통해 수시로 생성되는 전기를 모아서 충전할 수 있다.

4. 제작과정
   1) 준비물: 열전소자 발전기, 전선, 도시락 가방, 글루건, 구리테이프, 태양광발전기, 전압표시장치, 콘덴서, 가위 등
   2) 제작 방법
      (1) 도시락 가방의 한 쪽의 가운데를 가로 15cm, 세로 10cm로 오려서 구멍을 낸다. 이 곳에 태양광발전기를 외부에 붙인다.
      (2) 동일한 면의 아래쪽을 가로 3cm, 세로 3cm 오려서 외부에 열전소자 발전기를 붙인다.
      (3) 열전소자 발전기 위에 콘덴서와 전압표시장치를 붙인다.
      (4) 태양광발전기와 열전소자에 연결된 전선을 도시락 가방 내부로 넣고 가방의 오려낸 부분에 빈 부분이 없도록 구리테이프로 붙이다.
      (5) 도시락 가방 내부에는 콘덴서의 전선과 열전소자 및 태양광 발전기의 전선이 서로 연결되게합니다. 집게 전선으로 되어 있는 것으로 연결한다.
      (6) 글루건으로 빈 부분이나 떨어지는 부분이 없도록 붙인다.
      (7) 도시락 가방의 왼쪽 옆에는 보조 베터리를 넣는 주머니를 붙이고 보조베터리를 넣고 연결선을 도시락 가방의 외부에서 내부로 연결시킨다.
      (8) 이 모형이 작동이 된다면 열전소자와 태양광발전기에서 충전된 전기가 콘덴서를 통해서 보조배터리로 가게 되면 전기가 충전이 되면서 다양하게 활용할 수 있게 된다.

3) 제작 원리 및 독창성

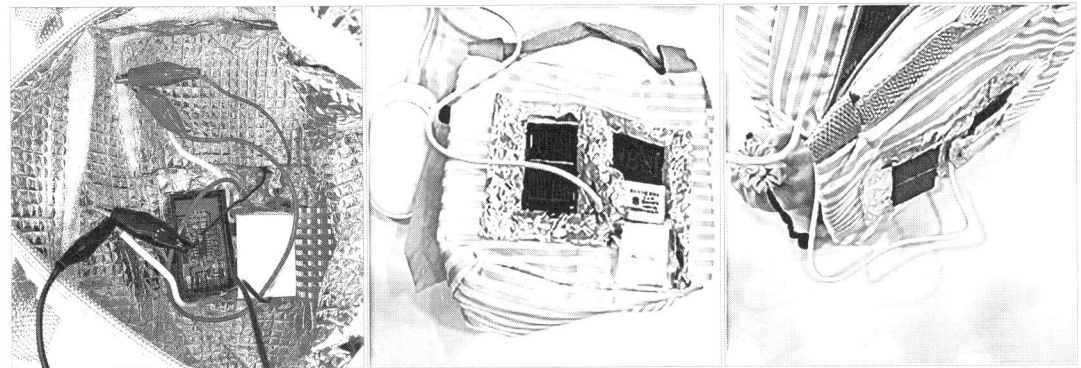

충전기를 도시락 가방 속에 들어가게 되는 차가운 물질의 경우 처음에는 외부 온도와 차이가 크다. 이것을 이용해서 온도 차이가 생기는 동안에 열전소자에 온도차 발전을 시킬 수 있고 이때 만들어진 전기를 보조 베터리로 이동시켜서 충전하게 한다. 따뜻한 물질도 동일한 방법으로 외부와 내부의 온도차이가 생기는 동안에 전기를 생성하게 한다. 열전소자에 생성된 전기를 충전장치로 이동할 때 축전기(주로 전자회로에서 전하를 모으는 장치)처럼 전기를 모으는 장치를 활용한다. 내부 재질이 은박재질이어서 복사열을 반사할 수 있어서 외부로 열이 이동하는 것을 더 막을 수 있어서 온도차이가 더 오랫동안 지속되게 해서 전기에너지 생성을 돕는다. 태양광 발전기를 겉부분에 달아서 또 전기에너지를 충전하게 한다.

5. 활용성전망, 효과

열전소자 보조 베터리를 넣고 도시락가방을 들고 다니면 일단 휴대폰 충전도 수시로 할 수 있고, 여름에는 핸드선풍기를 많이 사용하는데 야외에서 너무 더우면 선풍기를 오랫동안 사용하게 되어서 베터리가 빨리 소모된다. 이때 충전도 할 수 있다. 또 겨울에는 전기손난로를 가지고 다니는데 이때도 부족한 전기를 보충할 수 있도록 활용할 수가 있다. 이렇게 생활 속에서 소소하게 사용할 수 있는 에너지하베스팅가방이 될 수있다. 다른 가방에도 응용가능하다.

6. 선행조사 결과

1) 열전소자 : 열과 전기의 상호작용으로 나타나는 각종 효과를 이용한 소자의 총칭이다. 회로의 안정화와 열, 전력, 빛 검출 등에 사용하는 서미스터, 온도를 측정할 때 사용하는 제베크효과를 이용한 소자, 냉동기나 항온조 제작에 사용되는 펠티에소자 등이 있다. 회로의 안정화와 열·전력·빛 검출 등에 사용한다.

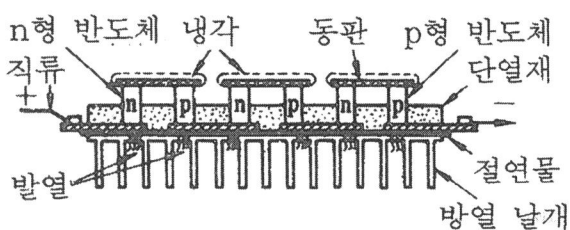

2) 무한동력장치 :

영구기관 (perpetual mobile)은 일반적으로 한번 외부에서 동력을 전달 받으면 영원히 자가 발전하여 작동한다는 가상의 기관을 일컫는 말이다. 영구 기관에는 제1종 영구 기관, 제2종 영구 기관 등이 있으며, 최근에는 초전도체를 이용한 제3종 영구 기관이라는 말도 쓰이고 있다. 이러한 영구기관으로 만들어내는 무한한 동력을 일컬어 무한 동력이라고 한다. 즉 이런 무한동력을 만들어 내는 영구기관을 무한동력장치라고 한다.

그러나 무한동력장치는 현재의 과학으로 비추여보자면, 열역학 제 1법칙과 제 2법칙에 의거, 실현이 불가능한 장치이다. 그렇기에 현재 무한동력장치, 영구기관이 거의 완성되었다느니, 특허를 냈는데 모 기관의 개입으로 차단당했다 느니 하는 이야기는 전부 사기일 뿐이다. 이미 프랑스 과학 아카데미에서는 1775년 이래로, 영구기관을 발명했다는 제보를 무시해 오고 있다.

그러나 지금의 과학으로는 불가능한 영구기관이지만 새로운 과학적인 법칙이 발견되거나, 현재의 과학이론에 커다란 수정이 불가피할 상황이 된다면 허황된 꿈이 아닌 현실이 될 수도 있을 것이다. 진짜로 작동하는 영구기관이 발명되는 순간이 열역학 제 1법칙과 제 2법칙을 변경해야 하는 것이다.

3) 다양한 에너지의 장점과 단점 :

 (1) 친환경에너지

 그린 에너지라고 하는 친환경에너지 종류에는 태양열, 수력, 풍력, 바이오 등 여러 가지가 있다. 이들은 화석연료를 사용하지 않아서 온실가스나 탄소배출을 하지 않기 때문에 그렇게 불리는 것이다.

 (2) 원자력에너지

  가) 장점: 적은 량의 방사성 원소를 이용하여 큰 에너지를 얻는다.

  나) 단점: 폐기물이 나온다.

 (3) 화력에너지

  가) 장점: 재료만 많으면 얼마든지 할 수 있다.

  나) 단점: 공기가 오염된다.

 (4) 수력에너지

  가) 장점: 청정한 에너지다.

  나) 단점 :초기 설치비용이 많이 들고 생산량이 적다.

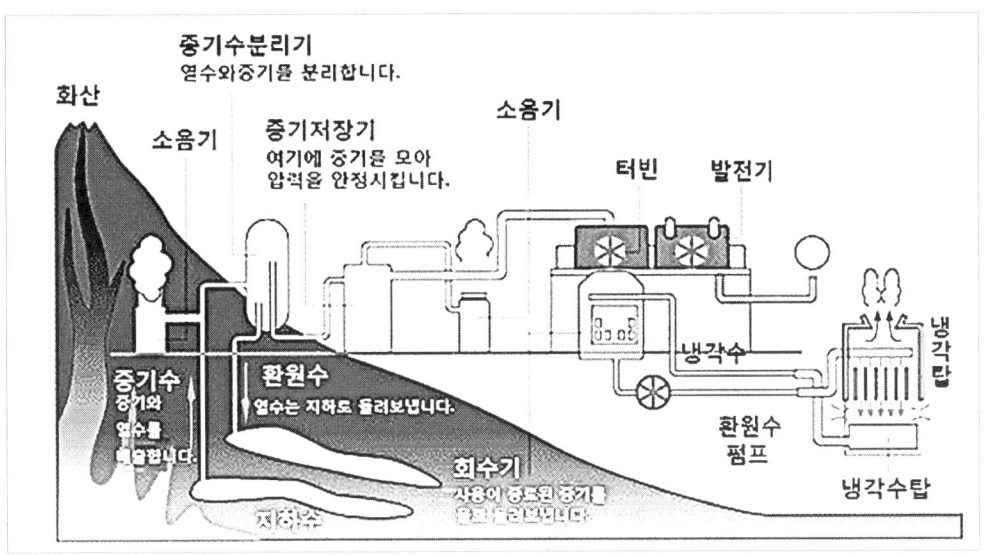

7. 참고 문헌

1) [네이버 지식백과] 열전소자 [thermoelectric element, 熱電素子] (두산백과)

2) 출처: http://diarix.tistory.com/229 [외계인 마틴]

3) 출처: 친환경 에너지 종류와 장단점에 어떤 것이? |작성자 금융파트너

4) [네이버 지식백과] 에너지 하베스팅 - 스마트 시티를 책임진다 (물리산책)

5) Acetec열전소자를이용 소형자동차공조시스템의구현(윤준원, 장세명)

6) LG ERI Report 저탄소 녹색 성장과 온실가스 감축의 효율화(이서원/ LG Business Insight 2008년11월5일)

7) ETRI고효율열전소자기술(장문규, 전명심, 노태문, 김종대/ 전자통신동향분석, 23권제6호2008년12월)

8) 섬유산업 동향과 핵심기술 개발전략(데이코 편집부 저 | 데이코 | 2015.12.16.)

9) 중소기업형 유망기술 연구개발 테마와 개발전략 1(기계소재 에너지자원분야 연구테마 현황) (편집부 저 | 비아이알 | 2015.04.30.)

Part 6 과학발명대회 작품 요약서 및 설명서 작성법

1. 작품요약서 작성법

발명요약서는 아이디어를 체계적으로 정리하여 효과적으로 전달하는 문서입니다. 아래는 각 항목에 대한 작성 방법과 팁을 설명합니다.

가. 발명(연구) 동기

이 항목은 문제를 발견하고 해결하려는 배경과 목적을 설명하는 부분입니다.

〈작성 방법〉

1) 문제 정의: 일상생활, 특정 산업, 학문적 분야에서 발견한 문제를 구체적으로 기술합니다.
   예: '실내 공기 질이 나빠지는 문제가 빈번하게 발생하고 있음.'
2) 동기: 해당 문제를 해결하려는 이유를 서술합니다.
   예: '공기 질 향상은 건강 관리와 직결되며, 실내 환경 개선이 시급하다 판단함.'
3) 목표: 이 발명을 통해 무엇을 이루고자 하는지 명확히 밝힙니다.
   예: '공기 질을 모니터링하고 자동으로 정화하는 시스템 개발을 목표로 함.'
4) 구체적 예시: '최근 환경 오염으로 인해 실내 공기의 질이 저하되고 있으며, 특히 호흡기 건강이 민감한 사람들에게 큰 영향을 미치고 있다. 이에 따라 공기 정화와 실시간 모니터링이 가능한 스마트 공기 청정기를 개발하고자 한다.'

나. 작품 내용

이 항목은 발명의 작동 원리와 주요 구성 요소를 설명하는 부분입니다.

〈작성 방법〉

1) 작품의 개요: 발명품의 이름과 주요 특징을 간단히 소개합니다.
   예: '스마트 공기 청정 시스템은 센서와 아두이노를 활용하여 실시간으로 공기 질을 감지하고 자동으로 공기를 정화합니다.'
2) 작동 원리: 발명품이 작동하는 과학적/기술적 원리를 설명합니다.
   예: '먼지 센서가 공기 중의 미세먼지 농도를 감지하고, 일정 수치 이상일 경우 팬과 필터가 작동합니다.'
3) 주요 구성: 부품 및 설계 요소를 나열합니다.
   예: '이 시스템은 PM2.5 센서, 아두이노, DC 팬, HEPA 필터로 구성됩니다.'
4) 사용 방법: 사용자 입장에서 발명품을 사용하는 방법을 설명합니다.
   예: '전원을 켜면 자동으로 공기 질을 측정하며, LED 색상으로 상태를 표시합니다.'

5) 구체적 예시: '이 발명은 PM2.5 센서로 공기 중 미세먼지를 감지하고, Wi-Fi 모듈을 통해 데이터를 앱으로 전송합니다. 사용자는 스마트폰을 통해 실시간 데이터를 확인하고, 필요 시 장치가 자동으로 공기를 정화합니다. 주요 부품은 아두이노, 공기 질 센서, 팬, 필터, Wi-Fi 모듈로 구성됩니다.'

다. 제작 결과

이 항목은 발명품의 실제 제작 과정과 성과를 설명하는 부분입니다.

〈작성 방법〉

1) 성과 요약: 발명품을 제작하고 나서 얻은 결과를 요약합니다.
   예: '스마트 공기 청정 시스템은 실내 공기 중 PM2.5 농도를 30% 감소시키는 데 성공했습니다.'
2) 제작 과정: 제작 과정에서의 주요 단계를 설명합니다.
   예: '먼저 센서와 아두이노를 결합하여 데이터 측정이 가능하도록 프로그래밍했으며, 이후 팬과 필터를 조립하여 공기 정화 기능을 통합했습니다.'
3) 문제점 및 개선 방향: 제작 과정에서 발견된 문제점과 이를 어떻게 해결했는지, 그리고 추가로 개선할 점을 설명합니다.
   예: '공기 흐름 제어가 미흡하여 팬 속도 조절을 추가했으며, 향후 에너지 소비를 줄이기 위한 추가 연구가 필요합니다.'
4) 구체적 예시: '스마트 공기 청정기는 제작 후 테스트 결과, 실내 PM2.5 농도를 20분 내에 50% 이상 낮출 수 있음을 확인했다. 다만, 팬의 소음이 다소 크다는 문제점이 발견되어 향후 저소음 팬을 사용하는 방향으로 개선이 필요하다.'
5) 작성 시 주의 사항: 간결하고 명확하게 작성: 복잡한 기술 용어를 피하고, 누구나 이해할 수 있는 표현을 사용합니다. 구체적인 데이터 제공: 제작 결과나 동기에는 객관적인 수치나 사례를 포함합니다.
6) 도식 활용: 필요 시 다이어그램, 표, 사진 등을 활용하여 시각적으로 보충합니다.
   창의성과 독창성 강조: 기존 제품과 차별화된 점을 분명히 설명합니다.
   이러한 방법에 따라 작성하면 심사자나 독자가 발명품의 의도와 성과를 쉽게 이해할 수 있습니다.

2. 작품 설명서 작성법

발명의 작품 설명서를 작성하는 방법을 체계적으로 정리해 보겠습니다. 각 항목에 맞게 작성하는 요령과 예시를 제공합니다.

가. 작품 연구의 동기

1) 의미: 문제를 발견한 배경과 작품을 만들게 된 이유를 서술하는 부분.
2) 작성 요령:
   가) 문제 정의: 일상생활이나 특정 분야에서 해결이 필요한 문제를 명확히 진술합니다.
      예: '현대인은 실내에서 많은 시간을 보내면서도 공기 질 관리를 소홀히 하고 있습니다.'

나) 계기: 발명을 시작하게 된 계기나 영감을 받은 사례를 포함합니다.

　　예: '미세먼지 문제를 겪으며 건강 관리의 중요성을 인식하였습니다.'

다) 필요성 강조: 해당 문제를 해결하지 않으면 어떤 불편이나 문제가 발생하는지 서술합니다.

　　예: '공기 질 개선 없이 실내 환경은 건강을 지속적으로 위협할 것입니다.'

나. 목적

1) 의미: 발명품을 통해 달성하고자 하는 목표나 해결하려는 문제를 명확히 기술하는 부분.

2) 작성 요령:

가) 해결 방안 제시: 문제를 해결하기 위해 어떤 방식으로 접근할 것인지 설명합니다.

　　예: '공기 중 미세먼지 농도를 실시간으로 감지하고 자동 정화를 통해 실내 공기 질을 향상시키고자 합니다.'

나) 기대 효과: 발명이 제공할 수 있는 개선 효과를 기술합니다.

　　예: '이 시스템은 공기 질 관리를 자동화하여 사용자 편의를 증대시키는 동시에 건강을 보호할 것입니다.'

다. 연구 내용

1) 의미: 작품의 주요 구성 요소, 작동 원리, 주요 기능을 기술하는 부분.

2) 작성 요령:

가) 작품 개요: 발명품의 구성 요소를 간단히 설명합니다.

　　예: '스마트 공기 청정기는 아두이노, 공기 질 센서, 팬, HEPA 필터로 구성됩니다.'

나) 작동 원리: 발명품이 어떤 원리로 작동하는지 구체적으로 기술합니다.

　　예: 'PM2.5 센서가 공기 중 미세먼지를 감지하고, 특정 농도 이상일 경우 팬과 필터가 작동하여 공기를 정화합니다.'

다) 특징 및 차별성: 기존 제품과의 차별성을 강조합니다.

　　예: '이 시스템은 스마트폰과 연동하여 실시간 데이터 확인 및 원격 제어가 가능합니다.'

라. 연구 과정

1) 의미: 작품을 제작하는 과정과 주요 단계를 기술하는 부분.

2) 작성 요령:

가) 설계 단계: 초기 아이디어를 구체화하고 설계를 진행한 과정을 설명합니다.

　　예: '먼저 공기 질 센서를 선택하고, 아두이노 프로그래밍을 통해 데이터 수집과 처리가 가능하도록 설계하였습니다.'

나) 개발 단계: 제작 및 조립 과정을 서술합니다.

　　예: '센서와 팬, 필터를 결합한 하드웨어를 조립한 후, 소프트웨어로 작동 테스트를 진행하였습니다.'

다) 문제 해결: 제작 과정 중 발생한 문제와 해결 방법을 기술합니다.

예: '팬 소음이 커서 속도 제어를 추가하여 소음을 줄였습니다.'

마. 결론

1) 의미: 연구의 결과를 요약하고, 연구가 어떤 성과를 거두었는지 설명하는 부분.

2) 작성 요령:

가) 성과: 작품이 어떤 결과를 가져왔는지 명확히 설명합니다.

예: '스마트 공기 청정기는 실내 공기 질을 30분 내에 50% 개선하는 데 성공하였습니다.'

나) 효과: 발명품이 실제로 얼마나 유용했는지 강조합니다.

예: '이 시스템은 사용자의 건강과 편의성을 동시에 증대시켰습니다.'

다) 문제점: 여전히 남아 있는 한계나 부족한 점을 간단히 언급합니다.

예: '스마트폰 연동 속도가 느린 문제가 있어, 향후 Wi-Fi 모듈 개선이 필요합니다'

바. 전망 및 활용성

1) 의미: 이 발명이 앞으로 어떤 영향을 미칠지, 또 어떻게 활용될 수 있을지를 설명하는 부분.

2) 작성 요령:

가) 확장 가능성: 이 발명을 다른 분야에 응용할 수 있는 가능성을 서술합니다.

예: '이 기술은 공기 청정뿐만 아니라 실내 습도 관리 시스템에도 적용할 수 있습니다.'

나) 상업적 활용: 시장에서의 가능성과 유용성을 설명합니다.

예: 'IoT 기반 스마트 가전으로 상용화하면 높은 수요가 예상됩니다.'

다) 사회적 기여: 이 발명이 사회에 어떤 긍정적 영향을 미칠 수 있는지 기술합니다.

예: '도시 공기 오염 문제 해결에 기여할 수 있습니다.'

Part 7 발명 기초 특강

1. 발명교육포털사이트

가. 사이트 주소 : https://www.ip-edu.net/home/kor/main.do
나. 발명관련 다양한 정보들 둘러보면서 발명에 대한 이해를 돕습니다.

2. 발명이팡팡의 다양한 컨텐츠

발명교육컨텐츠 속에 있는 "발명이팡팡"에 있는 다양한 발명에 피소드 영상 중에서 선별해서 보고 이에 대한 생각을 나누도 정리합니다.

3. 발명 글짓기 실습

가. 요구사항

발명을 생각하게 된 배경(동기), '새로운 발명품의 명칭', '작동 원리' 등을 자유롭게 상상하여 표현해야 한다. 발명아이디어나 발명품이 어떤 위기로부터 우리를 어떻게 지켜주는지에 대한 이용 효과 및 구체적인 사례를 글로 표현해야 한다.

"독창적인 내용을 짜임새 있게 구성하여 재미있게 표현해라"

나. 발명 글짓기 주제 및 예시 아이디어

1) 자연재해에 대한 주제

올 여름 한꺼번에 많은 양의 비가 쏟아지며 도로와 농경지 침수가 속출하였다. 최근 들어 전 세계에서 홍수, 태풍, 지진 등의 자연재해와 화재, 붕괴 등의 재난이 많이 발생하고 있다. 이러한 상황에서 위험으로부터 소중한 생명과 재산을 지킬 수는 없을까?

지금부터 여러분은 자연재해와 재난으로부터 소중한 생명과 재산을 지키는 기발하고 새로운 발명 아이디어나 발명품을 생각해보고, 그것을 활용한 이야기를 재미있게 써 보자.

2) 뜨거워지는 지구! 해결 방법은?

2024년, 지구온난화로 지구의 평균 온도가 높아지면서 한반도는 물론 미국과 유럽, 인도 등 세계 곳곳에 기록적인 폭염과 폭우 현상이 나타나고 있다. 지구가 이대로 점점 뜨거워지면 우리는 어떻게 될까? 생활 속에서 지구를 뜨겁게 만드는 원인 요소를 줄일 수 있는 발명 아이디어, 발명품을 상상해 보고 회복된 지구의 미래 이야기를 글로 써보자.

3) 2050년 미래 도시를 위한 발명 이야기

점점 더 많은 사람들이 도시에 살면서, 주거 및 여가생활 공간 부족, 교통정체와 주차난, 환경오염 등의 문제가 발생하고 있다. 2050년 미래의 도시는 이러한 문제를 어떻게 해결했을까? 우주에 존재하는 지구와 닮은 듯 다른 행성들 속에서 우리는 어떤 행성, 어떤 도시에서 살고 있을까? 지구에서 우주까지 무궁무진한 공간에서 펼쳐질 미래 도시의 모습을 자유롭게 글로 표현해보자. 오늘날 도시의 문제점을 해결 할 수 있는 발명 아이디어나 발명품을 생각해보고, 미래 도시의 모습을 상상의 나래를 펼쳐 글로 써보자.

4) 발명품을 활용해 인류의 더 나은 미래를 만드는 이야기

불의발견과철의활용부터인공지능에이르기까지, 인류는 새로운 변화와 도전에 직면할 때마다 해결책을 찾아왔다. 이렇듯 발전하는 인류는 30년 뒤에는 어떤 삶을 살고 있을까? 새로운 변화와 문제*에 대응하며 미래의 인류는 어떤 발명을 통해 더 나은 삶을 누리고 있을지 자유롭게 상상해 보고, 그림으로 재미있게 표현해 보자. * 디지털 전환, 에너지 부족, 환경오염, 일상의 크고 작은 문제 등.

5) 일상 속 에너지 생산과 절약을 위한 발명품

폭염과 태풍과 같은 기후변화로 인해 환경보호와 에너지 절약에 대한 관심이 점점 많아지는 요즘! 학교나 가정에서 에너지를 생산하거나 절약할 수 있는 방법은 없을까? 미래세대의 주인공인 청소년이 행복한 환경에서 살아갈 수 있도록, 친환경적인 에너지 생산 방법이나 기존 에너지 사용을 획기적으로 줄일 수 있는 발명 아이디어를 고민해 보자. 일상에서 실천할 수 있는 에너지 절약 아이디어나 학교 또는 가정에서 스스로 에너지를 생산하고 활용할 수 있는 발명품을 자유롭게 상상해보고, 그림으로 재미있게 표현해 보자.

다. 발명 글짓기 주제별 발명 글짓기 예시

다음의 글짓기 예시를 참고하며, 또한 자세하게 그린 설계도와 그림도 함께 그려서 글짓기 내용을 더 잘 이해할 수 있도록 표현해보세요.

1) 상상력과 함께 떠나는 에너지 절약 발명 이야기

세상은 빠르게 변하고 있습니다. 폭염, 태풍, 그리고 환경 오염까지, 지구는 우리에게 도움의 손길을 요청하고 있죠. "우리는 과연 무엇을 할 수 있을까?" 이 질문에서 시작된 우리의 발명 아이디어 여정을 지금부터 소개합니다. 재미있고 창의적인 상상을 더해 독창적인 발명품들을 만나보세요!

가) "밟으면 전기가 팡팡!" - 스마트 에너지 재활용 매트

어느 날, 학교 복도를 걷다가 친구가 한 마디 던졌습니다. "이렇게 많이 걷는데, 이 힘으로 전기라도 만들면 좋지 않겠어?"

이렇게 탄생한 것이 바로 스마트 에너지 재활용 매트입니다. 이 매트는 평범해 보이지만, 발을 디딜 때마다 마법처럼 전기를 만들어냅니다. 매트 아래에는 특별한 '압전소자'가 숨어 있어 걷거나 뛰는 힘을 전기로 바꿉니다.

상상해보세요! 학생들이 복도를 걸으며 전기를 만들어 교실의 LED 조명을 밝히고, 운동장에서 뛰어놀며 학교 전체의 전기를 충전하는 모습을요. 이 매트는 단순한 바닥이 아니라 "움직이는 에너지 발전소"입니다!

특별 포인트: 매트 위에 작은 화면이 있어, 내가 오늘 얼마나 많은 에너지를 만들었는지 확인할 수 있어요. "오늘도 환경을 구했다!"는 뿌듯함은 덤!

나) "햇빛이 알아서 척척!" - 태양광 스마트 블라인드

여름의 뜨거운 햇빛, 겨울의 따뜻한 햇살. 이런 자연의 힘을 활용할 방법이 없을까요? 그래서 우리는 태양광 스마트 블라인드를 만들었습니다.

이 블라인드는 햇빛을 감지해 스스로 움직이는 똑똑한 블라인드입니다. 여름에는 햇빛을 차단해 실내 온도를 낮추고, 겨울에는 햇빛을 최대한 받아들이도록 각도를 조절합니다. 게다가 블라인드에 달린 작은 태양광 패널은 전기를 모아 야간 조명이나 IoT 기기를 작동시키는 데 활용할 수 있죠.
- ▪ 특별 포인트: "햇빛을 내 편으로!" 태양광 에너지를 200% 활용하며 전기 요금 걱정을 줄일 수 있어요. 창문에 붙이기만 하면 끝!

다) "페달을 밟으면 전기 완성!" – 자전거 발전 휴대폰 충전기

평범한 일요일, 공원에서 자전거를 타던 중 이런 생각이 들었습니다.

"내가 이렇게 열심히 페달을 밟고 있는데, 이 힘을 어디다 쓸 수 없을까?"

그리하여 탄생한 것이 바로 자전거 발전 휴대폰 충전기입니다. 페달을 밟으면 바퀴의 회전력이 소형 발전기를 돌리고, 이 발전기가 전기를 만들어냅니다. 이 전기로 휴대폰, 태블릿, 그리고 심지어 작은 램프까지 충전할 수 있죠. 운동도 하고, 전기도 생산하는 "1석 2조의 발명품"입니다.

- ▪ 특별 포인트: "전기를 만들어 달리는 히어로!" 자전거 타기가 더 재미있고 유익해지는 기적 같은 도구입니다.

라) "상상 속 물건을 현실로!" – 맞춤형 에너지 절약 도구

3D 프린터로 내가 원하는 걸 만들 수 있다면 얼마나 재미있을까요? 여기에서 착안해 맞춤형 에너지 절약 도구를 만들었습니다.

예를 들어, 창문 단열재를 만들 때 창문 크기에 딱 맞는 디자인을 하고, 3D 프린터로 출력해 단열 효과를 극대화할 수 있죠. 아니면, 가로등에 소형 풍력 터빈을 추가해 바람으로 전기를 생산할 수도 있습니다. 우리 상상 속 아이디어가 현실이 되는 순간, 마치 발명가가 된 것 같은 기분을 느낄 수 있답니다!

- ▪ 특별 포인트: "내 손으로 만든 발명품!" 환경을 위한 도구를 직접 설계하고 제작할 수 있어요.

마) 결론: 나만의 에너지 히어로가 되자!

이 발명품들은 모두 일상 속에서 쉽게 활용할 수 있는 것들입니다. 우리가 조금 더 환경을 생각하고, 상상력을 발휘한다면 지구를 지키는 작은 영웅이 될 수 있지 않을까요? 자, 이제 여러분도 주변의 문제를 관찰하고, 멋진 아이디어를 떠올려 보세요. "나도 발명가가 될 수 있다!"는 믿음이 발명 대회 우승의 첫걸음입니다.

"상상은 자유다, 발명은 실천이다!"

2) 2050년 미래 도시를 위한 발명 이야기

미래 도시로의 초대

2050년, 우리는 더 이상 현재의 도시 풍경을 떠올리지 않습니다. 대신 하늘을 나는 도로, 자급자족 에너지 타워, 자연과 하나가 된 건축물들로 가득한 새로운 형태의 도시를 상상하게 됩니다. 현재 도시가 직면한 주거 공간 부족, 교통 체증, 환경 오염 문제는 그 시점에서 완벽히 해결되었을까요? 이제 우리는 미래 도시를 구상하며 그 해결책을 담은 혁신적인 발명품을 소개하려 합니다.

가) 발명 배경

현대 도시는 인구 밀도가 높아지며 다양한 문제가 발생했습니다. 사람들은 더 편리하게 살고 싶지만, 동시에 환경을 해치지 않는 지속 가능한 방법을 찾아야 했습니다. 이러한 고민 끝에 우리는 상상과 기술을 접목해 혁신적인 발명품들을 만들었습니다.

나) 새로운 발명품 소개

(1) 이름: 공중 부양 교통 시스템 "플로팅 로드"
- 작동 원리: 플로팅 로드는 지구 자기장을 활용한 자기 부상 기술로 작동합니다. 이 도로는 하늘 위에 떠 있는 듯한 구조로 이루어져 있으며, 차량들이 공중에서 부드럽게 이동할 수 있게 합니다. 자기 부상으로 인해 연료가 필요 없고, 마찰이 없으므로 에너지가 절약되며 교통 체증도 해소됩니다.
- 도움: 교통 체증을 완벽히 해결하며 도심의 지상 공간을 녹지로 활용할 수 있게 합니다.

(2) 이름: 자급자족 에너지 타워 "솔라큐브"
- 작동 원리: 솔라큐브는 태양광, 바람, 그리고 빗물을 모두 활용해 에너지를 생산하는 멀티 에너지 시스템입니다. 건물 외벽은 태양광 패널로 덮여 있고, 상층부에는 소형 풍력 터빈이 달려 있어 지속적으로 전기를 생산합니다. 지하에는 빗물을 모아 정화하는 시스템이 있습니다.
- 도움: 도시 전체가 이 타워를 중심으로 에너지를 자급자족하며, 기존의 화석 연료 의존도를 줄입니다.

(3) 이름: 자연 재생 건축물 "그린 하모니 빌딩"
- 작동 원리: 그린 하모니 빌딩은 공기 정화와 자연 복원을 목적으로 설계된 생태 친화적인 건물입니다. 외벽은 이끼와 식물로 덮여 있어 스스로 공기를 정화하며, 내부에는 미니 숲과 수로가 있어 주민들에게 자연 속에서의 삶을 제공합니다.
- 도움: 도시 공기를 깨끗하게 유지하고, 시민들에게 휴식과 재충전을 제공하는 공간이 됩니다.

다) 미래 도시의 모습

2050년 미래 도시에서는 모든 발명품들이 조화를 이루며 작동합니다. 하늘을 나는 플로팅 로드 덕분에 도심에는 교통 체증이 사라졌고, 사람들이 자전거를 타거나 산책을 즐길 수 있는 넓은 공원이 생겼습니다. 솔라큐브 덕분에 모든 빌딩이 스스로 에너지를 생산하며, 화석 연료가 아닌 재생 가능 에너지만을 사용합니다. 그린 하모니 빌딩은 도시에 숨 쉴 공간을 제공하며, 사람들은 자연과 함께하는 삶을 만끽합니다.

라) 결론

이 모든 발명품은 오늘날 우리가 겪는 문제들에 대한 고민과 해결책에서 시작되었습니다. 상상 속 발명품이지만, 오늘날의 과학 기술과 결합한다면 언젠가 현실이 될 수 있습니다. "지구와 사람, 그리고 기술이 공존하는 도시"라는 꿈을 품고, 우리 모두의 아이디어를 통해 더 나은 미래를 만들어 갑시다!

4. 생활 속 발명 실습

가. 생활 속 도구를 새롭게 고안해보자!

1) 생활 속 발명품을 고안하기 위한 질문들 (실내화 관련)

1. 실내화를 사용할 때 불편한 점은 무엇인가요?
2. 실내화를 신을 때 착용감이 만족스럽지 않았던 적이 있나요? 어떤 부분을 개선하고 싶나요?
3. 실내화를 신었을 때 발이 땀에 젖거나 불쾌감을 느낀 적이 있나요? 이를 해결할 방법은 무엇일까요?
4. 실내화를 청소하거나 관리할 때 어려운 점은 없었나요? 이를 편리하게 해결할 방법은 무엇인가요?
5. 실내화를 사용할 때 소음이 신경 쓰인 적이 있나요? 소음을 줄일 수 있는 디자인은 어떤 것이 있을까요?
6. 실내화가 미끄러운 상황에서 위험했던 적이 있나요? 미끄럼 방지 기능을 어떻게 개선할 수 있을까요?
7. 실내화가 오래 신으면 냄새가 나는 문제를 해결할 수 있는 기술이나 재료는 무엇일까요?
8. 실내화가 쉽게 낡거나 찢어진 적이 있나요? 더 내구성 좋은 재질을 어떻게 적용할 수 있을까요?
9. 실내화가 계절별로 너무 덥거나 춥게 느껴진 적이 있나요? 이를 해결할 수 있는 기능은 무엇일까요?
10. 실내화의 디자인이나 색상이 만족스럽지 않았던 적이 있나요? 어떻게 더 개성 있는 실내화를 만들 수 있을까요?
11. 실내화를 사용할 때 발 건강에 도움을 줄 수 있는 기능은 어떤 것이 있을까요? (예: 아치 서포트, 충격 흡수 등)
12. 실내화가 사용자의 발 크기에 딱 맞지 않아 불편했던 경험이 있나요? 조절 가능한 실내화는 어떻게 만들 수 있을까요?
13. 실내화가 여러 용도로 활용될 수 있다면 어떤 기능을 추가하고 싶나요? (예: 운동화처럼 변신, 실외에서도 사용 가능)
14. 실내화가 스스로 세척되거나 소독되는 기능이 있다면 어떻게 작동할 수 있을까요?
15. 실내화에 스마트 기술(예: 발걸음 추적, 온도 조절, 마사지 기능)을 추가한다면 어떤 것을 원하나요?
16. 여러 사람이 사용하는 공공 실내화에서 위생 문제를 해결할 방법은 무엇일까요?
17. 실내화가 필요한 장소나 상황에서 더 편리하게 들고 다닐 수 있는 디자인은 어떤 것일까요?
18. 실내화가 재활용 가능한 소재로 만들어진다면 어떤 점에서 환경에 도움이 될까요?
19. 실내화가 자동으로 발에 맞게 조정된다면 어떤 기술을 사용할 수 있을까요?
20. 아이, 노인, 운동선수 등 다양한 사용자 그룹에게 특화된 실내화 기능은 어떤 것이 있을까요?

2) 생활 속 발명품을 고안하기 위한 질문들 (의자 관련)

1. 의자를 사용할 때 가장 불편했던 점은 무엇인가요?
2. 오랜 시간 앉아 있을 때 피로감을 덜 느끼게 하려면 어떤 기능이 필요할까요?
3. 의자가 등받이나 좌석 쿠션이 불편했던 적이 있나요? 이를 개선할 방법은 무엇인가요?
4. 의자가 사용자의 자세 교정을 도울 수 있다면 어떤 기능이 추가되어야 할까요?
5. 의자의 높이나 각도를 조절할 때 불편한 점이 있었다면 어떻게 해결할 수 있을까요?
6. 의자가 이동하기 어렵거나 무거웠던 경험이 있나요? 가벼운 이동을 위해 어떤 디자인이 필요할까요?
7. 의자가 좁은 공간에서 효율적으로 사용되려면 어떻게 설계할 수 있을까요?
8. 의자가 소음 없이 부드럽게 움직이거나 접혀야 한다면 어떤 재질이나 구조가 필요할까요?
9. 의자가 실내외에서 모두 사용 가능하려면 어떤 재질이나 기능이 있어야 할까요?
10. 의자가 스스로 청소되거나 먼지가 쌓이지 않는 디자인은 어떤 모습일까요?
11. 사용자의 체형에 맞게 자동으로 조정되는 스마트 의자는 어떻게 작동할 수 있을까요?
12. 의자가 환경 친화적이고 재활용이 가능한 소재로 만들어질 수 있다면 어떤 점에서 이점이 있을까요?
13. 아이나 노인, 장애인에게 더 편리하고 안전한 의자는 어떤 형태여야 할까요?
14. 의자에 수납공간을 추가한다면 어떤 물건을 보관할 수 있을까요?
15. 의자가 열을 내거나 온도를 조절할 수 있는 기능이 있다면 어떤 기술이 필요할까요?
16. 의자가 마사지를 제공하거나 피로를 덜어주는 기능을 가진다면 어떤 디자인일까요?
17. 의자가 연결식으로 확장되거나 분리될 수 있다면 어떤 상황에서 유용할까요?
18. 의자가 재난 상황(예: 지진, 화재)에서 생존 도구로 변신할 수 있다면 어떤 기능이 필요할까요?
19. 의자를 접고 펼 때 손쉽게 조작할 수 있는 메커니즘은 무엇일까요?
20. 의자가 장시간 사용 후에도 내구성을 유지하려면 어떤 구조와 재질이 적합할까요?

3) 생활 속 발명품을 고안하기 위한 질문들 (휴대폰 케이스 관련)

1. 휴대폰 케이스를 사용할 때 가장 불편했던 점은 무엇인가요?
2. 휴대폰 케이스가 떨어뜨렸을 때 충격을 완전히 흡수하려면 어떤 디자인이 필요할까요?
3. 휴대폰 케이스에 보조 배터리 기능을 추가한다면 어떤 방식으로 작동할 수 있을까요?
4. 케이스가 오래 사용하면 색이 바래거나 오염되는 문제를 해결하려면 어떤 소재가 좋을까요?
5. 휴대폰 케이스에 필기 도구나 카드 같은 소지품을 보관할 수 있다면 어떤 방식으로 설계해야 할까요?
6. 케이스가 사용자의 손에 딱 맞는 그립감을 제공하려면 어떤 구조가 적합할까요?
7. 휴대폰 케이스에 스마트 기능(예: 위치 추적, 온도 감지)을 추가한다면 어떤 기술이 필요할까요?
8. 케이스가 자외선이나 환경 요인으로부터 화면을 보호하려면 어떤 특수 기능이 필요할까요?
9. 케이스가 자기 충전 기능을 제공한다면 어떤 방식으로 에너지를 생성하거나 저장할 수 있을까요?
10. 케이스가 사용자의 개성을 표현하는 맞춤형 디자인이 가능하려면 어떤 제작 기술이 필요할까요?
11. 휴대폰 케이스가 다목적으로 사용될 수 있다면 어떤 기능(예: 거치대, 삼각대)이 추가되면 좋을까요?
12. 케이스가 물에 뜨거나 방수 기능을 완벽히 제공하려면 어떤 디자인이 적합할까요?
13. 케이스가 온도 변화(예: 여름의 열기, 겨울의 한기)에 강하게 설계된다면 어떤 소재가 필요할까요?
14. 휴대폰 케이스에 LED 조명을 추가한다면 어떤 상황에서 유용할까요?
15. 케이스가 스스로 화면을 닦아주는 기능을 가진다면 어떤 메커니즘이 적합할까요?
16. 케이스가 분실을 방지할 수 있는 기술(예: 알림, 경고음)을 탑재한다면 어떻게 구현할 수 있을까요?
17. 케이스가 환경에 무해하고 재활용 가능한 소재로 제작된다면 어떤 소재가 적합할까요?
18. 케이스가 확장형으로 액세서리를 부착할 수 있다면 어떤 종류의 액세서리가 유용할까요?
19. 게임이나 작업을 위한 컨트롤러 기능이 포함된 케이스는 어떤 사용자층에게 유용할까요?
20. 휴대폰 케이스가 자체적으로 데이터를 백업하거나 저장할 수 있다면 어떤 방식으로 구현할 수 있을까요?

4) 생활 속 발명품을 고안하기 위한 질문들 (우산 관련)

1. 우산을 사용할 때 가장 불편했던 점은 무엇인가요?
2. 비가 많이 올 때 우산에서 빗물이 흘러내리는 문제를 어떻게 해결할 수 있을까요?
3. 우산이 바람에 뒤집히는 문제를 막기 위해 어떤 설계가 필요할까요?
4. 우산을 접고 난 후 물기가 옷에 묻는 것을 방지하려면 어떤 기능이 필요할까요?
5. 우산을 사용하지 않을 때 보관하거나 휴대하기 편리하게 만들려면 어떤 디자인이 적합할까요?
6. 우산이 비뿐 아니라 햇빛, 자외선, 눈 등 다양한 날씨를 대비할 수 있으려면 어떤 소재가 필요할까요?
7. 야간에 우산을 사용할 때 빛을 반사하거나 조명을 제공하는 기능이 있다면 어떤 상황에서 유용할까요?
8. 우산이 스스로 펼치고 접히는 자동화 기능을 가진다면 어떤 기술이 필요할까요?
9. 우산을 사용하지 않을 때 손이 자유로울 수 있도록 보관하는 방법은 어떤 것이 좋을까요?
10. 우산이 비를 맞으면 물을 모아 저장하거나 정화하여 재활용할 수 있다면 어떤 구조가 필요할까요?
11. 우산이 잃어버리지 않도록 알림이나 추적 기능을 추가하려면 어떤 기술을 사용할 수 있을까요?
12. 우산의 크기를 상황에 따라 조절할 수 있다면 어떤 방식으로 설계해야 할까요?
13. 우산을 접었을 때 물기가 빠르게 건조될 수 있는 방법은 무엇일까요?
14. 우산이 사용자에게 맞춤형 색상이나 디자인으로 변할 수 있다면 어떤 기술이 필요할까요?
15. 여러 사람이 동시에 사용할 수 있는 다인용 우산은 어떤 구조가 적합할까요?
16. 우산의 손잡이에 다양한 기능(예: 손난로, 라디오)을 추가한다면 어떤 용도로 사용할 수 있을까요?
17. 우산이 가벼우면서도 튼튼한 구조를 갖추려면 어떤 재료를 사용할 수 있을까요?
18. 우산에 데이터를 저장하거나 정보를 표시할 수 있는 디지털 기능을 추가한다면 어떤 아이디어가 있을까요?
19. 우산이 정전기 방지 기능을 가진다면 어떤 기술로 구현할 수 있을까요?
20. 우산이 운동 중(예: 뛰거나 자전거를 탈 때)에도 편리하게 사용할 수 있다면 어떤 형태가 좋을까요?

5) 생활 속 발명품을 고안하기 위한 질문들 (가방 관련)

1. 가방을 사용할 때 가장 불편했던 점은 무엇인가요?
2. 가방 속 물건을 빠르게 찾을 수 있게 하려면 어떤 내부 구조가 필요할까요?
3. 가방이 무겁게 느껴질 때 부담을 줄여줄 수 있는 디자인은 무엇일까요?
4. 가방이 물에 젖는 문제를 해결하려면 어떤 방수 소재나 구조가 적합할까요?
5. 가방이 더 많은 물건을 수납하면서도 크기가 커지지 않도록 설계하려면 어떤 아이디어가 필요할까요?
6. 가방이 물건을 안전하게 보관할 수 있도록 도난 방지 기능을 추가한다면 어떤 기술이 필요할까요?
7. 가방을 멀티 기능으로 사용(예: 보조 배터리, 조명, 도구 상자)하려면 어떤 기능을 추가하면 좋을까요?
8. 가방이 사용자의 체형에 맞춰 자동으로 조절된다면 어떤 기술이 필요할까요?
9. 가방의 스트랩이 어깨에 무리를 덜 주는 설계는 어떻게 해야 할까요?
10. 가방이 환경 친화적인 재료로 제작된다면 어떤 점에서 이점이 있을까요?
11. 가방에 태양광 충전 패널을 추가한다면 어떤 상황에서 유용할까요?
12. 가방이 스스로 무게를 분산하거나 가벼워지는 기능을 갖추려면 어떤 기술이 필요할까요?
13. 가방이 더러워지지 않도록 스스로 청소하는 기능이 있다면 어떻게 구현할 수 있을까요?
14. 가방이 냄새를 제거하거나 공기 정화 기능을 가진다면 어떤 기술이 적합할까요?
15. 가방이 스마트폰과 연동되어 알림을 제공하거나 물건을 추적할 수 있다면 어떤 활용 방법이 있을까요?
16. 가방이 분리형으로 설계되어 용도에 따라 조립할 수 있다면 어떤 구조가 적합할까요?
17. 가방의 내부 공간이 사용자의 필요에 맞게 자유롭게 변형될 수 있다면 어떻게 설계해야 할까요?
18. 가방이 야간에 빛을 반사하거나 조명을 제공할 수 있다면 어떤 상황에서 유용할까요?
19. 가방이 건강을 체크할 수 있는 센서를 내장한다면 어떤 기능이 추가되어야 할까요?
20. 가방이 사용하는 동안 에너지를 저장하거나 활용할 수 있는 시스템은 무엇일까요?

5. 새로운 발명 아이디어 실습

6. 학생들이 한 발명 아이디어 예시

가. 방수문

오늘은 2034년7월8일 그러니까 세계적으로 큰 홍수가 난 날이다. 옛날에는 이 정도 홍수면 엄청나게 난리가 났을 텐데 울산에서는 방수문 덕분에 다친 사람이 없어

조용히 지나갔다. 방수문이란 2029년1월1일에 울산에 있는 모든 지하주차장 입구에 설치된 안전을 위한 문이다. 방수문이 내려 가는 원리는 빗물 카메라가 많은 비를 인식하면 철봉에 메 달려 있던 방수문이 내려가는 거다. 그리고 방수문은 그냥 계속 열려 있는 문이 아니라 차가 들어올 땐 차에 달려있는 GPS를 GPS인식기가 인식하면 왼쪽문을 열어주고 사람이 들어올 땐 자외선 카메라로 사람을 인식해 오른쪽문을 열어준다. 차나 사람이 들어올 때 비가 같이 들어오는 걸 막기위해 주차장입구 앞쪽에 40° 경사로가 설치되어 있다. 물론 주차장 입구는 높아 차의 통행의 문제가 없다. 그래서 참고로 요즘은 지하주차장이 홍수대피소이다. 그렇지만 사람들은 지하 주차장이 홍수대피소라는 말을 못 믿고 이상한 곳에 있다 사고를 발생시키고 있다. 빨리 사람들이 이사실을 알아차려 피해가 줄어들었으면 좋겠다.

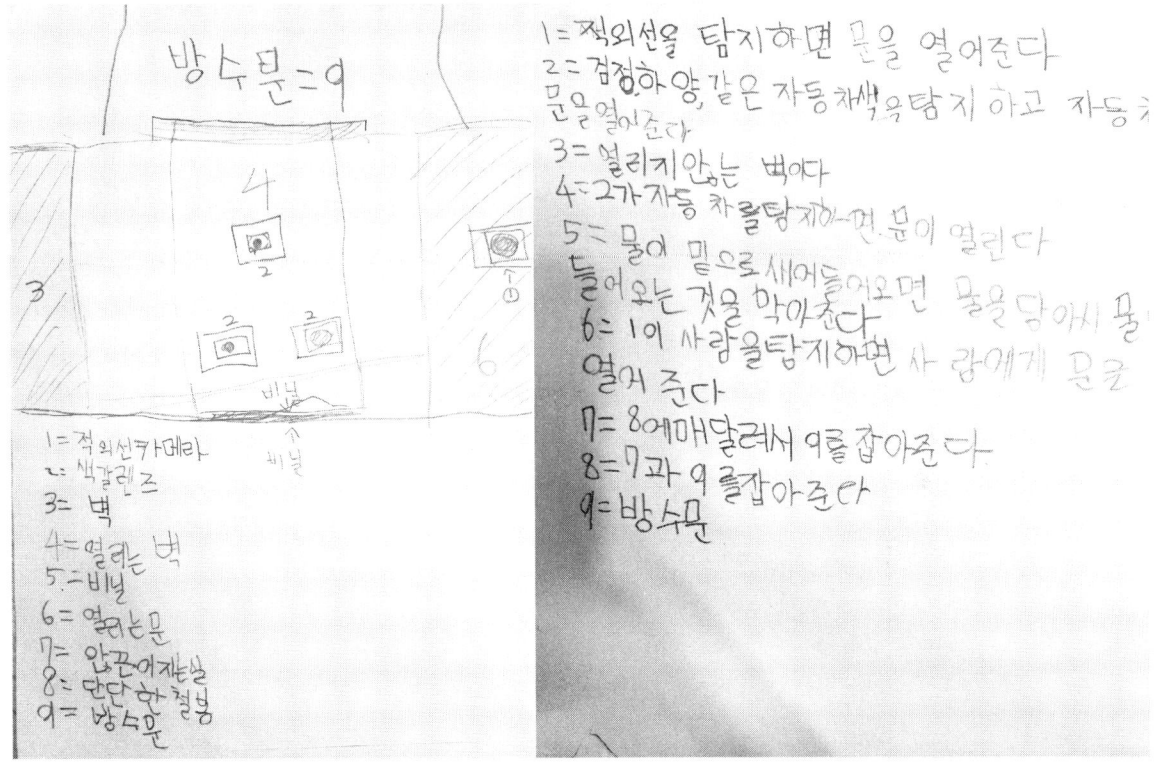

나, 발명아이디어 그림들

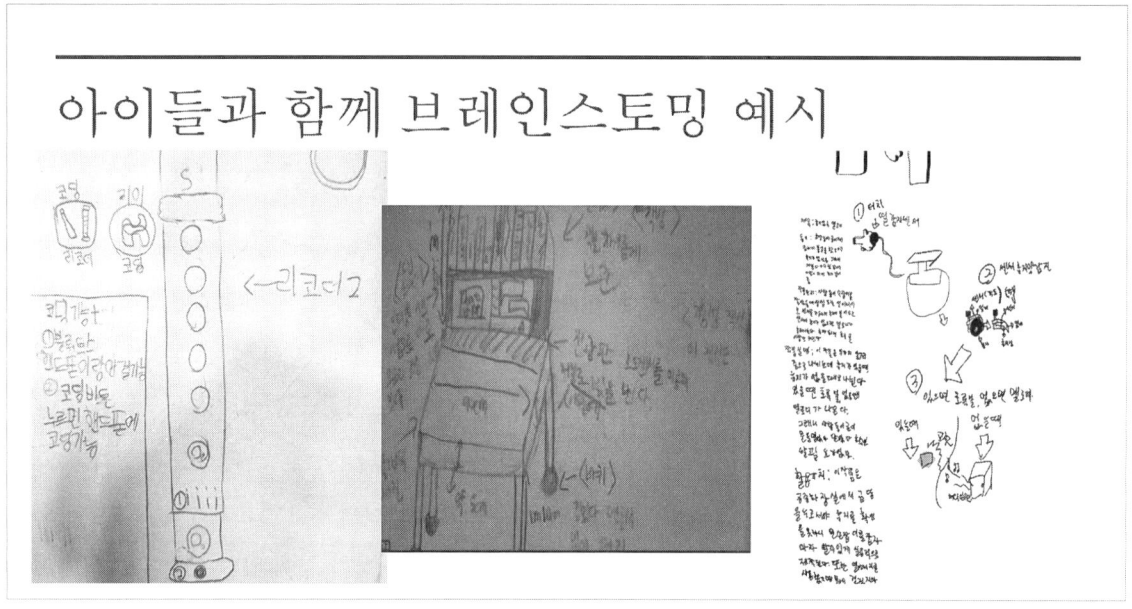

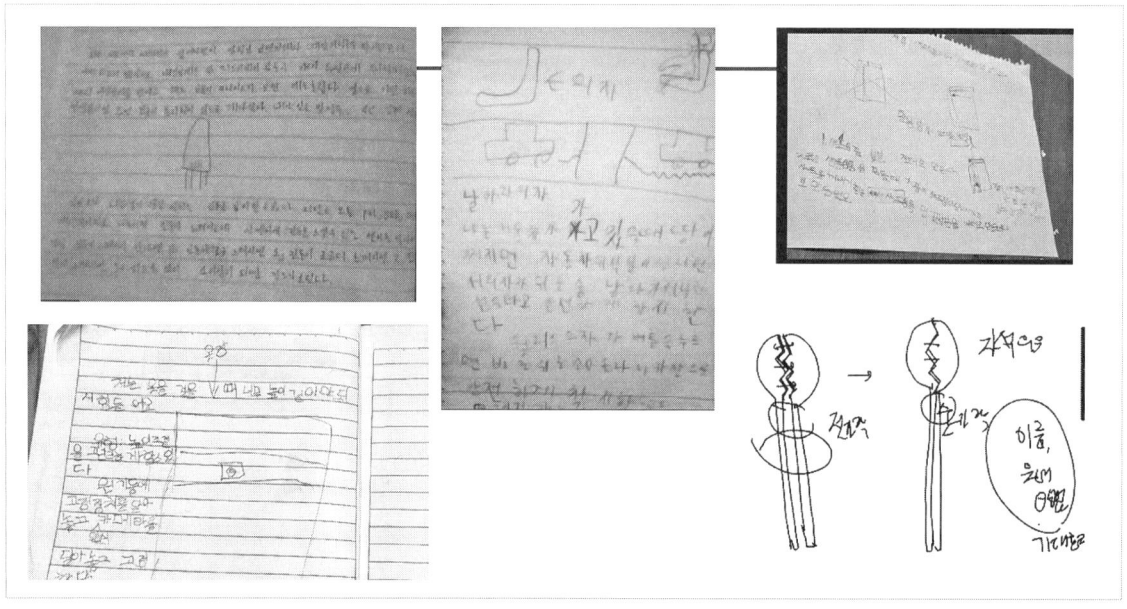

Part 8. 발명 실전 특강

1. 기존의 발명 아이디어 검색

- **인터넷 검색**: 발명 특허 사이트(특허청, Google Patents 등)를 활용해 기존의 발명품과 특허 내용을 조사합니다.
- **책과 잡지 활용**: 발명 관련 도서나 잡지에서 창의적인 아이디어와 사례를 찾아보세요.
- **유튜브와 SNS**: 발명 과정과 결과를 공유하는 콘텐츠를 참고해 새로운 영감을 얻습니다.
- **주변 관찰**: 기존 제품이나 일상에서 사용되는 도구를 유심히 관찰하며 개선점을 기록합니다.
- **토론과 브레인스토밍**: 친구, 가족, 동료와 함께 기존 발명품의 문제점과 새로운 아이디어에 대해 토론합니다.
- **참고할 점**: 기존 발명품을 모방하지 않고, 그 위에 독창적인 개선이나 기능을 추가하는 것이 중요합니다.

2. 발명 아이디어 실습

- **아이디어 스케치**: 생각나는 아이디어를 간단히 그림으로 표현합니다. 기능과 구조를 중심으로 스케치하며 구체화합니다.
- **상황별 시뮬레이션**: 아이디어가 실제로 어떻게 작동할지 다양한 상황에서 가상의 시뮬레이션을 진행해 봅니다.
- **문제 해결 과정 작성**: 아이디어가 해결하려는 문제와 그 해결 방법을 구체적으로 정리합니다.
- **브레인스토밍**: 하나의 아이디어에서 파생될 수 있는 여러 가지 기능이나 디자인 변화를 생각합니다.
- **피드백 수집**: 주변 사람들에게 아이디어를 설명하고 피드백을 받아 수정합니다.
- **프로토타입 제작 준비**: 간단한 재료(종이, 점토, 블록 등)를 사용해 아이디어를 형태로 표현해 봅니다.

3. 발명 설계도 그리기 실습

- **설계의 목적 명확화**: 발명품의 핵심 기능과 목적을 설계도에 반영해야 합니다.
- **정확한 치수와 비율 표시**: 필요한 재료와 크기를 실제 크기와 비슷하게 표시합니다.
- **기본 구조와 부품 구분**: 발명품의 주요 부분(본체, 연결부, 작동 메커니즘 등)을 명확히 나누어 그립니다.
- **소재와 작동 원리 표시**: 어떤 소재를 사용할지, 각각의 부품이 어떻게 작동하는지 간단한 메모를 추가합니다.
- **소프트웨어 활용**: CAD 프로그램(예: Fusion 360, AutoCAD)을 사용하면 전문적인 설계도를 만들 수 있습니다.
- **다양한 각도에서 설계**: 위, 앞, 옆 등 여러 각도에서 발명품을 표현합니다.

4. 발명 요약서 작성 실습

- **발명 배경 작성**: 발명을 하게 된 이유, 해결하고자 한 문제를 명확히 기술합니다.
- **발명품 설명**: 발명품의 이름, 특징, 작동 원리, 사용 방법을 간결하고 구체적으로 작성합니다.
- **차별점 강조**: 기존 제품과 비교하여 발명품의 독창성이나 개선된 점을 명확히 설명합니다.
- **장점 및 기대 효과**: 발명품이 사용자에게 제공할 이점과 사회적, 환경적 기여를 서술합니다.
- **구체적 데이터 추가**: 발명품의 효과를 입증할 수 있는 데이터, 통계, 실험 결과 등을 포함합니다.
- **시각 자료 첨부**: 설계도, 그림, 표 등을 추가하여 요약서를 더 이해하기 쉽게 만듭니다.

5. 발명품 제작을 위한 계획 실습

- **목표와 범위 설정**: 발명품 제작의 목표와 실현 가능한 범위를 정합니다.
- **필요한 재료와 도구 리스트 작성**: 어떤 재료와 도구가 필요한지 구체적으로 작성합니다.
- **시간 계획 수립**: 제작 과정과 단계를 나누어 일정표를 작성합니다.
  - 예: 설계 검토 → 재료 준비 → 조립 → 테스트 → 개선
- **비용 계산**: 예상되는 재료비와 도구비를 포함한 총 제작 비용을 산출합니다.
- **협력자 확인**: 필요한 경우 전문가, 친구, 가족 등 도움을 받을 사람을 찾습니다.
- **리스크 평가**: 예상되는 문제점과 장애물을 파악하고 이를 해결할 방안을 마련합니다.

6. 실전적으로 만들기 실습

- **재료 준비**: 설계에 맞는 재료를 실제로 준비하고, 대체 가능한 재료도 고려합니다.
- **프로토타입 제작**: 설계도를 바탕으로 간단한 시제품(프로토타입)을 만들어 봅니다.
- **테스트와 조정**: 제작한 프로토타입을 실제로 작동시키며 문제점을 확인하고 수정합니다.
- **기능 개선 반복**: 테스트 결과를 바탕으로 설계를 수정하고 제작을 반복합니다.
- **안전성 점검**: 제작한 발명품이 안전하게 사용할 수 있는지 확인합니다.
- **완성도 높이기**: 외관을 다듬고, 사용 편의성을 추가로 개선하여 최종 발명품을 완성합니다.
- **발표 준비**: 완성된 발명품을 설명할 프레젠테이션 자료나 동영상을 준비해 다른 사람들에게 효과적으로 전달합니다.

Part 9. 분야별 다양한 과학발명 아이디어 모음

각 분야별로 발명 아이디어에 대한 키워드를 확인하고 이것을 실제적으로 응용하고 발전시키면 좋은 발명이 될 수 있을 것입니다. 아이디어를 정하면 꼭 키프리스와 국립중앙과학관에 들어가서 역대 수상작들 중에서 중복되는 것은 없는지 확인해야 합니다.

아래의 아이디어들을 보고 서로 융합하고 뺄 것은 빼고 추가적으로 더 넣을 것은 넣어서 생활속에서 유용하게 사용하고 널리 보급할 가치가 있는 발명품으로 발전시켜보면 좋겠습니다.

과학완구분야

1. 무지개 분광기
가. 원리: 빛의 스펙트럼 분산 (프리즘 효과).
나. 용도: 빛의 색깔을 관찰하며 빛의 기본 원리를 학습.
다. 제작방법: CD 조각, 검은색 종이, 작은 상자, 투명 플라스틱으로 빛을 분산.

2. 미니 화산 키트
가. 원리: 화학 반응 (베이킹소다 + 식초).
나. 용도: 화학 반응을 통해 가스 발생 원리를 관찰.
다. 제작방법: 점토로 화산 모형 제작 후, 중앙에 소다와 식초를 넣어 분출 시연.

3. DIY 슬라임 전도체
가. 원리: 슬라임에 전도성 물질(소금, 전도성 페인트)을 혼합.
나. 용도: 전기 회로 작동 실험.
다. 제작방법: 슬라임 제작 시 염화칼슘을 혼합하여 전도성을 추가.

4. 태양광 자동차
가. 원리: 태양광 패널을 통해 전기 모터 작동.
나. 용도: 태양광 에너지의 활용법 이해.
다. 제작방법: 작은 태양광 패널, DC 모터, 바퀴, 경량 틀로 제작.

5. 전자기력 레일건 키트
가. 원리: 전류에 의한 자기장 생성.

나. 용도: 전자기력의 원리 체험.

다. 제작방법: 동전, 에나멜 전선, 배터리, 자석으로 미니 레일건 구성.

6. 자기 부상 기차
가. 원리: 자석의 반발력.

나. 용도: 자기 부상의 원리 학습.

다. 제작방법: 강한 네오디뮴 자석과 작은 트랙, 경량 기차 모델 제작.

7. 미니 플라스마 볼
가. 원리: 전기 방전.

나. 용도: 전기 에너지와 플라스마 관찰.

다. 제작방법: 유리구, 테슬라 코일 회로로 소형 플라스마 볼 제작.

8. 물 로켓 발사기
가. 원리: 물의 압축 및 방출.

나. 용도: 압력과 운동에너지의 관계 이해.

다. 제작방법: 페트병, 공기 펌프, 물로 간단히 제작.

9. 풍력 발전 키트
가. 원리: 풍력 에너지를 전기에너지로 전환.

나. 용도: 풍력 발전의 원리 실험.

다. 제작방법: 작은 터빈 날개, 모터, LED로 제작.

10. 초음파 레이더
가. 원리: 초음파 반사.

나. 용도: 거리 측정과 초음파 센서 작동 원리 체험.

다. 제작방법: 초음파 센서 모듈과 아두이노 사용.

11. 자외선 탐지 팔찌
가. 원리: 자외선 반응 색소 변화.

나. 용도: 자외선의 강도 측정.

다. 제작방법: UV 반응 구슬을 실에 꿰어 팔찌 제작.

12. 정전기 융털놀이
가. 원리: 정전기의 인력.

나. 용도: 정전기와 물체의 상호작용 관찰.

다. 제작방법: 플라스틱 막대, 털실로 쉽게 제작.

13. 아이스크림 메이커 키트
가. 원리: 소금의 어는 점 강하.

나. 용도: 물리/화학적 상태 변화 관찰.

다. 제작방법: 지퍼백, 소금, 얼음을 활용해 직접 아이스크림 만들기.

14. 전자석 크레인
가. 원리: 전류로 자기장 생성.

나. 용도: 자기장을 이용한 물체 이동 실험.

다. 제작방법: 못, 에나멜 전선, 배터리로 제작.

15. 빛 추적 로봇
가. 원리: 빛 감지 센서를 통한 회로 제어.

나. 용도: 로봇 제어 시스템 이해.

다. 제작방법: 빛 센서와 아두이노 키트로 제작.

16. 탄성 에너지 점프 로봇
가. 원리: 스프링의 탄성력.

나. 용도: 탄성 에너지 변환 원리 학습.

다. 제작방법: 스프링, 작은 기어와 경량 틀 사용.

17. 미니 풍선 공기포
가. 원리: 공기 압축 및 방출.

나. 용도: 압력 변화와 공기의 움직임 관찰.

다. 제작방법: 컵, 고무밴드, 풍선으로 간단히 제작.

18. 자기 나침반
가. 원리: 자석과 지구 자기장 상호작용.

나. 용도: 나침반의 작동 원리 학습.

다. 제작방법: 바늘, 코르크 조각, 물 사용.

19. 3D 행성 모형 키트
　　가. 원리: 태양계 구조 학습.
　　나. 용도: 행성의 공전과 자전 원리 이해.
　　다. 제작방법: 스티로폼 공, 막대, 페인트로 태양계 제작.

20. LED 화산 모형
　　가. 원리: LED와 전기 회로 작동.
　　나. 용도: 시각적 효과와 전기 회로 학습.
　　다. 제작방법: LED, 점토, 전기 배선으로 제작.

21. 미니 뉴턴의 크레이들
　　가. 원리: 운동량과 에너지 보존 법칙.
　　나. 용도: 충돌 및 에너지 전달 실험.
　　다. 제작방법: 작은 공, 실, 나무 프레임으로 제작.

22. 흡열 반응 쿨팩 키트
　　가. 원리: 화학 반응을 통한 온도 변화.
　　나. 용도: 흡열 반응 실험.
　　다. 제작방법: 암모니아, 물과 간단한 용기로 제작.

23. 소리 진동 탐지기
　　가. 원리: 음파의 진동.
　　나. 용도: 소리의 파동 원리 관찰.
　　다. 제작방법: 플라스틱 컵, 고무막, 소금으로 진동 시각화.

24. 야광 슬라임
　　가. 원리: 야광 색소와 화학 결합.
　　나. 용도: 형광 효과와 화학 결합 관찰.
　　다. 제작방법: PVA 글루, 붕사, 형광 페인트 사용.

25. 버블 아트 키트
　　가. 원리: 표면 장력과 비누막.
　　나. 용도: 물리적 장력 관찰 및 실습.
　　다. 제작방법: 비눗물, 식용색소, 종이로 제작.

26. 공중 부양 공 실험
   가. 원리: 베르누이 법칙.
   나. 용도: 공기의 흐름과 압력 차 관찰.
   다. 제작방법: 드라이어와 공 사용.

27. 유체 회오리 병
   가. 원리: 원심력.
   나. 용도: 회오리 형성 및 원심력 관찰.
   다. 제작방법: 페트병 2개와 연결 캡으로 제작.

28. 전자 뇌파 센서 게임
   가. 원리: 뇌파 센서로 신호 감지.
   나. 용도: 신경과학 실험.
   다. 제작방법: 간단한 뇌파 센서와 LED 연결.

29. 마시멜로 구조물 키트
   가. 원리: 삼각 구조의 안정성.
   나. 용도: 건축 공학 기본 원리 학습.
   다. 제작방법: 마시멜로와 스파게티로 구성.

30. 색 변화 pH 키트
   가. 원리: 산/염기 지시약의 색 변화.
   나. 용도: 물질의 pH 측정 실험.
   다. 제작방법: 양배추 지시약과 다양한 액체로 제작.

자원재활용분야

1. 페트병 압축기
   가. 원리: 레버 작용으로 페트병의 부피 감소.
   나. 용도: 페트병 재활용 용이화.
   다. 제작방법: 금속 레버, 압축판, 간단한 프레임 구성.

2. 폐타이어 화분 키트
   가. 원리: 폐타이어의 물리적 재활용.
   나. 용도: 화분 제작 및 원예 활용.
   다. 제작방법: 폐타이어를 절단 및 도색, 배수 구멍 추가.

3. 종이 벽돌 압축기
   가. 원리: 종이를 압축하여 고체 연료로 재활용.
   나. 용도: 난방용 연료 제작.
   다. 제작방법: 금속 몰드, 레버로 압축 시스템 제작.

4. 재활용 플라스틱 3D 프린터 필라멘트 제작기
   가. 원리: 폐플라스틱을 가열 후 압출.
   나. 용도: 3D 프린팅 필라멘트 제작.
   다. 제작방법: 분쇄기, 가열 장치, 압출기로 구성.

5. 캔 크러셔
   가. 원리: 기계적 압축으로 캔 부피 감소.
   나. 용도: 캔 재활용 과정 간소화.
   다. 제작방법: 레버와 금속 프레임으로 제작.

6. 음식물 쓰레기 퇴비화 드럼
   가. 원리: 미생물의 발효 작용.
   나. 용도: 음식물 쓰레기를 퇴비로 전환.
   다. 제작방법: 회전 드럼, 통풍 구멍, 배출구 포함.

7. 태양광 플라스틱 분쇄기
    가. 원리: 태양광 발전으로 전동 분쇄기 작동.
    나. 용도: 폐플라스틱 분쇄.
    다. 제작방법: 태양광 패널, 배터리, 분쇄 날.

8. 유리병 분말화 기계
    가. 원리: 물리적 파쇄와 분말화.
    나. 용도: 유리병을 모래 대체재로 활용.
    다. 제작방법: 내구성 있는 분쇄기 제작.

9. DIY 종이 재활용 키트
    가. 원리: 물에 젖은 종이를 체로 걸러 재사용.
    나. 용도: 새 종이 제작.
    다. 제작방법: 체와 몰드로 종이 제작.

10. 폐목재 가구 리폼 키트
    가. 원리: 폐목재 재조립 및 리폼.
    나. 용도: 가구 제작.
    다. 제작방법: 샌딩 기계, 페인트, 조립 키트 활용.

11. 플라스틱 벽돌 제조기
    가. 원리: 플라스틱 가열 후 몰드에 주입.
    나. 용도: 건축용 블록 제작.
    다. 제작방법: 열 가열 장치, 금형 활용.

12. 폐기물 자동 분리기
    가. 원리: 센서와 AI로 물질 분류.
    나. 용도: 쓰레기 재활용 효율화.
    다. 제작방법: 적외선 센서와 분류 장치 조합.

13. 알루미늄 캔 용접 예술 키트
    가. 원리: 캔 조각 용접 및 조립.
    나. 용도: 조형물 제작.
    다. 제작방법: 소형 용접기와 금속 재단 도구.

14. 폐유 업사이클링 연료 장치
가. 원리: 폐유 정제 및 바이오 연료 전환.
나. 용도: 연료 재사용.
다. 제작방법: 필터와 간단한 정제 장치 구성.

15. 플라스틱 병 강섬유 제조기
가. 원리: 병을 가늘게 잘라 끈으로 전환.
나. 용도: 강력한 끈 제작.
다. 제작방법: 커터 블레이드와 회전 장치 구성.

16. 의류 리사이클링 키트
가. 원리: 오래된 옷을 새로운 형태로 리폼.
나. 용도: 의류 재활용.
다. 제작방법: 재봉틀, 염료, 가위 사용.

17. 전자기기 해체 키트
가. 원리: 분해 및 소재별 분리.
나. 용도: 전자기기 부품 재활용.
다. 제작방법: 드라이버 세트와 안전 도구 포함.

18. 폐유리 모자이크 타일
가. 원리: 유리를 조각내고 타일로 접착.
나. 용도: 장식용 타일 제작.
다. 제작방법: 유리 절단 도구, 접착제 활용.

19. 태양광 쓰레기 소각기
가. 원리: 태양열로 쓰레기 소각.
나. 용도: 비재활용 쓰레기 처리.
다. 제작방법: 집광판과 소각 챔버 구성.

20. 생분해성 플라스틱 제작 키트
가. 원리: 녹말과 글리세린 혼합.
나. 용도: 친환경 플라스틱 생산.
다. 제작방법: 가열 장치와 몰드 필요.

21. 폐배터리 재활용 충전기
  가. 원리: 잔류 에너지 회수.
  나. 용도: 일시적 전력 공급.
  다. 제작방법: 전압 조절 회로와 충전기 구성.

22. 폐종이 연필 제조기
  가. 원리: 종이를 압축하여 심 포함 제작.
  나. 용도: 연필 제작.
  다. 제작방법: 압축 몰드와 심 삽입 장치.

23. 식물 재활용 물걸레 청소기
  가. 원리: 폐천과 흡수재를 결합.
  나. 용도: 청소 도구 제작.
  다. 제작방법: 폐옷과 나무 손잡이 결합.

24. 폐의약품 정화 시스템
  가. 원리: 화학적 분해로 독소 제거.
  나. 용도: 수질 오염 방지.
  다. 제작방법: 활성탄 필터와 촉매 활용.

25. 플라스틱 병 수경재배 장치
  가. 원리: 물과 영양분 순환 시스템.
  나. 용도: 소규모 채소 재배.
  다. 제작방법: 병, 호스, 펌프 구성.

26. 폐전선 공예 키트
  가. 원리: 구리와 플라스틱 분리 후 재조립.
  나. 용도: 공예품 제작.
  다. 제작방법: 절단 도구와 접착제 포함.

27. 업사이클 가구 제작 키트
  가. 원리: 재활용 목재와 금속 결합.
  나. 용도: 새 가구 제작.
  다. 제작방법: 조립 키트와 페인트 제공.

28. 폐플라스틱로 만든 방수 코팅제
    가. 원리: 플라스틱 용해 후 코팅제 제작.

    나. 용도: 방수 처리.

    다. 제작방법: 용제와 폐플라스틱 혼합.

29. 가정용 분리수거 알림 시스템
    가. 원리: 스마트 센서를 통한 분류.

    나. 용도: 올바른 분리배출 유도.

    다. 제작방법: RFID 센서와 앱 개발.

30. 폐목재 연료 브리켓
    가. 원리: 목재를 압축하여 고체 연료화.

    나. 용도: 난방 연료.

    다. 제작방법: 압축 장치와 열가소성 재료 활용.

학용품 분야

1. 스마트 연필 홀더
　가. 원리: 압력 센서와 타이머.

　나. 용도: 연필 잡는 자세를 교정하고 필기 시간을 추적.

　다. 제작방법: 작은 센서, 타이머 모듈, 실리콘 홀더 결합.

2. 휴대용 화이트보드 노트북
　가. 원리: 반복 사용 가능한 화이트보드 필름.

　나. 용도: 필기 연습 및 임시 메모.

　다. 제작방법: 얇은 화이트보드 필름과 접착식 커버로 제작.

3. 다기능 스테이플러
　가. 원리: 교체형 모듈 (펀치, 스테이플러, 클립 삽입).

　나. 용도: 문서 정리 도구 통합.

　다. 제작방법: 탈부착 가능한 모듈과 금속 본체.

4. 시간 관리 다이어리
　가. 원리: 타이머와 LED 알림 내장.

　나. 용도: 학습 시간 관리.

　다. 제작방법: 간단한 회로와 배터리를 내장한 다이어리 제작.

5. 다중 색상 필기 펜
　가. 원리: 로터리 메커니즘으로 펜심 교체.

　나. 용도: 다양한 색상으로 필기.

　다. 제작방법: 회전 가능한 펜 본체와 멀티 컬러 리필.

6. 정리형 자석 필통
　가. 원리: 자석 흡착 원리로 내부 정리.

　나. 용도: 학용품 분리 및 보관.

　다. 제작방법: 자석 내장 필통과 금속 분리 트레이.

7. 자동 연필깎이
　가. 원리: 전동 모터와 적외선 감지.
　나. 용도: 연필을 자동으로 깎아줌.
　다. 제작방법: 소형 전동 모터, 감지 센서, 날 장착.

8. 조명 스탠드 필통
　가. 원리: LED 조명과 충전식 배터리 내장.
　나. 용도: 야간 학습용 조명과 필통 결합.
　다. 제작방법: LED 모듈, 배터리, 필통 조립.

9. 종이 절약 노트
　가. 원리: 열에 지워지는 잉크와 리필 가능한 노트.
　나. 용도: 반복 사용 가능한 학습 노트.
　다. 제작방법: 감열지와 전용 펜 사용.

10. 진동 알람 책상 패드
　가. 원리: 타이머와 진동 모듈.
　나. 용도: 공부 시간 알림.
　다. 제작방법: 진동 모터와 타이머 내장 패드.

11. 자동 책 페이지 홀더
　가. 원리: 스프링 클립과 고정 장치.
　나. 용도: 책 페이지를 열어둔 상태로 유지.
　다. 제작방법: 클립형 장치와 스프링 사용.

12. 태양광 계산기 펜
　가. 원리: 태양광 전지와 소형 계산기.
　나. 용도: 간단한 계산 수행.
　다. 제작방법: 태양광 패널, 미니 계산기 칩 내장.

13. 다기능 삼각자
　가. 원리: 각도기, 눈금자, 레벨기 결합.
　나. 용도: 수학 및 공학 도구.
　다. 제작방법: 플라스틱 삼각자에 추가 기능 통합.

14. 자석 보드 마커
   가. 원리: 자석 부착 마커 캡.
   나. 용도: 마커를 쉽게 보관.
   다. 제작방법: 마커 캡에 강력 자석 부착.

15. 열쇠고리 메모지
   가. 원리: 접이식 메모지 디자인.
   나. 용도: 이동 중 간단한 메모 작성.
   다. 제작방법: 얇은 메모지와 금속 링 결합.

16. 맞춤형 손글씨 연습판
   가. 원리: 투명 필름과 반복 연습용 디자인.
   나. 용도: 손글씨 연습.
   다. 제작방법: 재사용 가능한 플라스틱 필름과 글씨 템플릿.

17. 소리 증폭 연필꽂이
   가. 원리: 자연스러운 소리 반사.
   나. 용도: 스마트폰 소리 증폭.
   다. 제작방법: 나팔형 연필꽂이 구조 설계.

18. 스마트 파일 정리함
   가. 원리: RFID 태그로 파일 인식.
   나. 용도: 문서 관리 자동화.
   다. 제작방법: RFID 리더와 파일 태그 구성.

19. 물로 작동하는 고체 형광펜
   가. 원리: 물에 녹는 색소를 활용한 필기.
   나. 용도: 친환경 형광펜.
   다. 제작방법: 물 기반 색소와 스틱형 펜 케이스.

20. 접이식 독서대
   가. 원리: 경첩과 접이식 구조.
   나. 용도: 휴대 가능한 독서대.
   다. 제작방법: 경량 플라스틱 또는 알루미늄으로 제작.

21. 전자 잉크 메모판
가. 원리: 전자 잉크 디스플레이.
나. 용도: 종이 대체 디지털 메모판.
다. 제작방법: 전자 잉크 패널과 배터리 결합.

22. 스탠드형 필기 도구 보관함
가. 원리: 접이식 스탠드와 수납공간 결합.
나. 용도: 필기 도구 정리 및 사용.
다. 제작방법: 접이식 구조와 플라스틱 케이스.

23. 휴대용 스캐너 노트
가. 원리: 미니 스캐너와 블루투스 모듈.
나. 용도: 필기 내용 디지털화.
다. 제작방법: 미니 카메라, 블루투스 칩 내장.

24. 냉각 기능 펜
가. 원리: 쿨링 젤 내장.
나. 용도: 장시간 필기 시 손 시원함 유지.
다. 제작방법: 쿨링 젤과 실리콘 그립 조합.

25. 스탬프 형광펜
가. 원리: 스탬프와 형광펜 결합.
나. 용도: 빠르고 재미있는 필기 강조.
다. 제작방법: 형광펜 잉크와 스탬프 팁 결합.

26. 스마트 연필캡
가. 원리: 가속도 센서로 필기 데이터 기록.
나. 용도: 필기 습관 분석.
다. 제작방법: 가속도 센서와 소형 저장 장치 내장.

27. LED 각도기 펜
가. 원리: 내장 LED와 각도기.
나. 용도: 어두운 환경에서도 필기 가능.
다. 제작방법: LED 모듈과 투명 각도기 결합.

28. 종이 분류 클립
가. 원리: 다중 색상으로 시각적 분류.

나. 용도: 문서 분류와 정리.

다. 제작방법: 색상 클립과 분류 라벨 결합.

29. DIY 노트 커스터마이징 키트
가. 원리: 재활용 가능한 커버와 교체식 속지.

나. 용도: 개인화된 노트 제작.

다. 제작방법: 링 바인더와 재활용 커버 제공.

30. 스마트 타이머 클립
가. 원리: 소형 타이머 내장 클립.

나. 용도: 시간 제한 학습 도구.

다. 제작방법: 타이머 모듈과 클립 구조 결합.

실내 생활용품 분야

1. 자동 식물 급수기
　가. 원리: 중력과 물의 모세관 현상을 활용한 자동 급수.
　나. 용도: 실내 화분 자동 급수.
　다. 제작방법: 물탱크와 흡수 섬유를 화분에 연결.

2. 공기청정 미니 정원
　가. 원리: 식물의 광합성과 공기정화 능력.
　나. 용도: 공기 정화와 장식.
　다. 제작방법: 작은 화분과 LED 조명을 결합한 박스형 장치 제작.

3. 다기능 거울 시계
　가. 원리: LED 디스플레이와 거울 합성.
　나. 용도: 시간 확인 및 거울로 사용.
　다. 제작방법: LED 디스플레이와 반투명 거울 결합.

4. 자외선 칫솔 살균기
　가. 원리: 자외선(UV) 램프로 세균 제거.
　나. 용도: 칫솔 소독.
　다. 제작방법: 소형 UV 램프와 충전식 배터리 장착.

5. 스마트 옷걸이
　가. 원리: 온습도 센서로 실내 환경 모니터링.
　나. 용도: 옷의 건조 상태 확인.
　다. 제작방법: 센서 모듈과 디스플레이를 옷걸이에 결합.

6. 자동 쓰레기 압축기
　가. 원리: 전동 압축 시스템.
　나. 용도: 쓰레기 부피 감소.
　다. 제작방법: 전동 모터와 압축 플레이트 구성.

7. 조립식 수납 선반
  가. 원리: 간단한 조립 구조와 모듈형 설계.
  나. 용도: 실내 정리 정돈.
  다. 제작방법: 경량 플라스틱 또는 금속 재질의 조립형 부품 제작.

8. 스마트 조명 블라인드
  가. 원리: 조도 센서로 빛의 양 자동 조절.
  나. 용도: 실내 채광 조절.
  다. 제작방법: 모터와 센서를 블라인드에 연결.

9. 휴대용 미니 가습기
  가. 원리: 초음파 진동으로 물을 미세 입자로 분사.
  나. 용도: 건조한 환경에서 습도 유지.
  다. 제작방법: 소형 초음파 진동기와 USB 전원 장치 결합.

10. 스마트 양치컵
  가. 원리: 내장 타이머로 양치 시간을 측정.
  나. 용도: 올바른 양치 습관 형성.
  다. 제작방법: 타이머와 방수 디스플레이를 결합한 컵 제작.

11. 자석 칼 정리대
  가. 원리: 자석의 흡착력.
  나. 용도: 칼 안전 보관 및 정리.
  다. 제작방법: 강력 자석을 목재 또는 금속판에 부착.

12. 자동 온도 조절 커피잔
  가. 원리: 내장 온도 조절 히터.
  나. 용도: 음료 온도 유지.
  다. 제작방법: 배터리와 온도 조절기를 컵에 장착.

13. 다기능 쿠션 테이블
  가. 원리: 쿠션과 테이블 상판 결합.
  나. 용도: 소파에서 간편한 작업 가능.
  다. 제작방법: 경량 쿠션과 접이식 테이블판 결합.

14. 무선 충전 패드 내장 테이블
　가. 원리: 무선 충전 코일 내장.
　나. 용도: 스마트폰 충전과 테이블 사용.
　다. 제작방법: 테이블 표면에 충전 코일 삽입.

15. 스마트 수건걸이
　가. 원리: 온습도 센서를 활용한 자동 건조.
　나. 용도: 수건의 냄새 방지 및 빠른 건조.
　다. 제작방법: 열선과 센서 모듈 결합.

16. 자동 물걸레 로봇
　가. 원리: 로봇 진공과 물걸레 동시 작동.
　나. 용도: 바닥 청소.
　다. 제작방법: 로봇 진공에 물탱크와 걸레 부착.

17. 다용도 신발 살균기
　가. 원리: 열풍과 UV 살균.
　나. 용도: 신발 내부 건조 및 살균.
　다. 제작방법: 열풍기와 UV 램프 장착.

18. 스마트 냄새 제거기
　가. 원리: 활성탄 필터와 팬을 통한 공기 정화.
　나. 용도: 실내 냄새 제거.
　다. 제작방법: 소형 팬과 활성탄 필터 조합.

19. 시간 표시 LED 샤워기
　가. 원리: 유량 센서를 이용해 시간 표시.
　나. 용도: 물 절약 유도.
　다. 제작방법: LED 디스플레이와 유량 센서 결합.

20. 다기능 소형 재봉 키트
　가. 원리: 조립식 도구 모듈.
　나. 용도: 간단한 수선 작업.
　다. 제작방법: 휴대용 케이스에 재봉 도구 통합.

21. 스마트 리모컨 찾기 태그
    가. 원리: 블루투스 신호로 위치 추적.
    나. 용도: 리모컨 분실 방지.
    다. 제작방법: 소형 블루투스 태그 내장.

22. 벽걸이식 미니 선풍기
    가. 원리: 벽면 부착 가능한 디자인.
    나. 용도: 공간 절약형 공기 순환.
    다. 제작방법: 벽걸이 브래킷과 소형 팬 조립.

23. 스마트 알람 베개
    가. 원리: 진동 모듈과 알람 기능 결합.
    나. 용도: 조용히 깨우는 알람.
    다. 제작방법: 진동 모터와 타이머 결합.

24. 조립식 세탁 바구니
    가. 원리: 분리 가능한 모듈형 설계.
    나. 용도: 세탁물 분리와 보관.
    다. 제작방법: 경량 플라스틱으로 조립형 제작.

25. 스마트 냉장고 정리 칸
    가. 원리: QR 코드로 음식물 유통기한 추적.
    나. 용도: 음식물 낭비 방지.
    다. 제작방법: QR 스티커와 전용 앱 개발.

26. DIY 조명 디퓨저
    가. 원리: LED와 반투명 필터.
    나. 용도: 은은한 조명 제공.
    다. 제작방법: LED와 아크릴 필터 사용.

27. 다기능 우산 정리대
    가. 원리: 물받이와 건조기능 포함.
    나. 용도: 우산 보관과 건조.
    다. 제작방법: 물받이 트레이와 건조 팬 조합.

28. 자동 문틈 차단기
 가. 원리: 센서를 이용해 문틈 차단판 자동 작동.
 나. 용도: 외풍 차단.
 다. 제작방법: 센서와 모터로 문틈 차단판 연결.

29. 다용도 벽걸이 선반
 가. 원리: 접이식 선반 구조.
 나. 용도: 공간 활용 최적화.
 다. 제작방법: 경첩과 접이식 판 제작.

30. 스마트 텀블러
 가. 원리: 온도 센서와 LED 표시.
 나. 용도: 음료 온도 확인.
 다. 제작방법: 온도 센서와 디스플레이를 텀블러에 결합.

실외생활용품분야

1. 휴대용 태양광 충전기
가. 원리: 태양광 패널로 전력을 생성.
나. 용도: 야외에서 스마트폰 등 전자기기 충전.
다. 제작방법: 소형 태양광 패널과 USB 충전 포트를 결합.

2. 접이식 바람막이 텐트
가. 원리: 방풍 원단과 간단한 접이식 프레임.
나. 용도: 바람이 강한 야외 환경에서 보호.
다. 제작방법: 방수 및 방풍 소재와 접이식 구조물 사용.

3. 휴대용 물 정화기
가. 원리: 활성탄 필터와 UV 소독 기술.
나. 용도: 야외에서 안전한 식수 제공.
다. 제작방법: 소형 필터와 UV 램프 내장.

4. LED 트레킹 지팡이
가. 원리: LED 조명과 배터리 내장.
나. 용도: 어두운 환경에서 트레킹 시 안전 확보.
다. 제작방법: 알루미늄 지팡이에 LED 모듈 삽입.

5. 자동 팝업 그늘막
가. 원리: 스프링 팝업 메커니즘.
나. 용도: 빠르고 간편하게 그늘 제공.
다. 제작방법: 경량 스프링 프레임과 내구성 있는 천 사용.

6. 스마트 캠핑 랜턴
가. 원리: 태양광 충전과 LED 조명.
나. 용도: 캠핑 시 조명 및 전력 제공.
다. 제작방법: 태양광 패널, LED 모듈, 보조 배터리 결합.

7. 휴대용 모기 퇴치기
가. 원리: 초음파 방출로 모기 격퇴.

나. 용도: 야외에서 모기 방지.

다. 제작방법: 초음파 발생기와 배터리 내장.

8. 스마트 자전거 헬멧
가. 원리: 내장 LED와 블루투스 기능.

나. 용도: 야간 안전과 네비게이션.

다. 제작방법: 헬멧에 LED와 블루투스 모듈 추가.

9. 휴대용 바베큐 세트
가. 원리: 접이식 설계와 내화성 소재.

나. 용도: 야외 요리.

다. 제작방법: 스테인리스 소재와 접이식 다리 설계.

10. 비상용 온열 담요
가. 원리: 열 반사 소재로 체온 유지.

나. 용도: 비상 상황에서 체온 보호.

다. 제작방법: 은박 필름과 열 반사 섬유 결합.

11. 스마트 등산 배낭
가. 원리: GPS와 충전 기능 내장.

나. 용도: 등산 시 위치 추적 및 전력 제공.

다. 제작방법: GPS 모듈, 보조 배터리, 내구성 있는 배낭 제작.

12. 접이식 자전거 자물쇠
가. 원리: 유연한 금속 구조와 암호 잠금 장치.

나. 용도: 자전거 보안.

다. 제작방법: 접이식 금속과 잠금 장치 조합.

13. 스마트 낚시 찌
가. 원리: 센서로 물고기 움직임 감지.

나. 용도: 낚시 시 물고기 포획 알림.

다. 제작방법: 방수 센서와 LED 내장.

14. 방수 블루투스 스피커
가. 원리: 방수 소재와 블루투스 기술.

나. 용도: 야외에서 음악 감상.

다. 제작방법: 방수 처리된 외부 케이스와 스피커 유닛 결합.

15. 스마트 태양광 우산
가. 원리: 태양광 패널로 전력을 생성.

나. 용도: 그늘 제공과 스마트폰 충전.

다. 제작방법: 우산 상단에 태양광 패널 부착.

16. 온도 조절 캠핑 침낭
가. 원리: 열선과 온도 센서.

나. 용도: 온도 변화에 따라 내부 온도 조절.

다. 제작방법: 열선과 온도 조절기를 침낭에 내장.

17. 다용도 접이식 의자
가. 원리: 접이식 메커니즘과 수납 공간.

나. 용도: 야외 휴식과 물품 보관.

다. 제작방법: 경량 금속 프레임과 방수 원단 사용.

18. 자동 팝업 해먹
가. 원리: 스프링 프레임과 튼튼한 천.

나. 용도: 간편한 야외 휴식.

다. 제작방법: 경량 스프링과 고강도 원단으로 제작.

19. 스마트 하이킹 신발
가. 원리: 압력 센서와 내장 GPS.

나. 용도: 실시간 이동 거리 및 위치 확인.

다. 제작방법: 내장 센서와 블루투스 모듈 추가.

20. 휴대용 샤워백
가. 원리: 중력과 태양열로 물 가열.

나. 용도: 야외에서 간단한 샤워.

다. 제작방법: 방수 백과 샤워 노즐 결합.

21. 휴대용 미니 온풍기
    가. 원리: 소형 히터와 배터리 내장.

    나. 용도: 야외에서 추위 방지.

    다. 제작방법: 충전식 배터리와 소형 히터 모듈.

22. 접이식 피크닉 테이블
    가. 원리: 간단한 접이식 구조.

    나. 용도: 야외에서 식사 공간 제공.

    다. 제작방법: 경량 알루미늄과 내구성 있는 목재 사용.

23. 다용도 자석 랜턴
    가. 원리: 자석으로 다양한 위치에 부착 가능.

    나. 용도: 야외에서 간편하게 조명 제공.

    다. 제작방법: 자석과 LED 조명 결합.

24. 스마트 캠핑 쿠커
    가. 원리: 열 에너지를 전기로 변환.

    나. 용도: 조리와 전자기기 충전.

    다. 제작방법: 열전 소자와 배터리 모듈 추가.

25. 자동 팝업 낚시 텐트
    가. 원리: 스프링 팝업 구조.

    나. 용도: 낚시 중 바람과 비를 막아줌.

    다. 제작방법: 방수 천과 팝업 메커니즘.

26. 휴대용 에어 매트리스
    가. 원리: 내장 펌프로 자동 공기 주입.

    나. 용도: 캠핑 시 편안한 휴식 공간.

    다. 제작방법: 방수 소재와 전동 펌프 통합.

27. 온도 감지 물병
    가. 원리: 온도 센서와 LED 표시.

    나. 용도: 음료 온도 확인.

    다. 제작방법: 온도 센서와 디스플레이 내장.

28. 다기능 야외 도구 세트
　　가. 원리: 접이식 설계와 다기능 칼 포함.

　　나. 용도: 야외 작업 및 생존 도구.

　　다. 제작방법: 경량 금속과 다기능 부품 결합.

29. 스마트 바람개비 발전기
　　가. 원리: 풍력으로 전력 생성.

　　나. 용도: 야외에서 보조 배터리 충전.

　　다. 제작방법: 미니 풍력 터빈과 USB 출력 모듈.

30. 휴대용 미니 냉장고
　　가. 원리: 펠티어 소자로 온도 조절.

　　나. 용도: 음료나 음식을 신선하게 보관.

　　다. 제작방법: 펠티어 모듈과 배터리 내장.

SW를 활용한 분야

1. 스마트 건강 관리 앱
가. 원리: AI 기반 분석으로 건강 데이터를 모니터링.

나. 용도: 개인 건강 기록 관리 및 운동/식단 추천.

다. 제작방법: Python이나 JavaScript로 AI 모델 구현, React Native로 앱 개발.

2. AI 기반 맞춤 학습 플랫폼
가. 원리: 머신러닝을 통해 사용자의 학습 패턴 분석.

나. 용도: 학생 개개인에 맞는 학습자료 제공.

다. 제작방법: TensorFlow로 ML 알고리즘 개발, Django와 React로 웹 플랫폼 구축.

3. 스마트 주차 관리 시스템
가. 원리: IoT 센서와 SW를 이용해 실시간 주차 공간 확인.

나. 용도: 주차 공간 검색 및 예약.

다. 제작방법: Raspberry Pi, Node.js, 클라우드 데이터베이스 연결.

4. AR 쇼핑 앱
가. 원리: AR 기술을 활용해 가상으로 제품 시뮬레이션.

나. 용도: 사용자가 가구, 의류 등을 가상으로 미리 배치/착용.

다. 제작방법: Unity와 ARKit/ARCore 활용.

5. AI 면접 코칭 앱
가. 원리: 음성 인식과 자연어 처리를 통해 면접 답변 분석.

나. 용도: 면접 준비를 돕는 가상 면접 코치.

다. 제작방법: Google Speech-to-Text API, NLP 모델 구축.

6. 스마트 재택 근무 관리 앱
가. 원리: 시간 관리 및 생산성 분석 SW.

나. 용도: 재택근무자의 작업 효율 개선.

다. 제작방법: React Native와 Node.js로 앱 개발.

7. AI 기반 투자 분석 도구
　가. 원리: 금융 데이터의 패턴을 머신러닝으로 분석.
　나. 용도: 투자 전략 및 시장 트렌드 제공.
　다. 제작방법: Python, Pandas, Scikit-learn으로 모델 개발.

8. 맞춤형 패션 추천 플랫폼
　가. 원리: 사용자 취향 데이터를 분석해 패션 아이템 추천.
　나. 용도: 온라인 쇼핑 경험 개선.
　다. 제작방법: Django와 Vue.js로 웹 플랫폼 개발.

9. 스마트 식물 관리 앱
　가. 원리: IoT와 AI로 식물 상태를 분석.
　나. 용도: 물주기, 온습도 조절 알림.
　다. 제작방법: ESP8266과 Firebase 연결, 모바일 앱 개발.

10. AI 기반 언어 학습 앱
　가. 원리: 음성 인식과 AI 번역 기능 활용.
　나. 용도: 실시간 발음 교정 및 문장 학습.
　다. 제작방법: AWS Polly와 Python으로 음성 분석.

11. 스마트 헬스케어 웨어러블 플랫폼
　가. 원리: 웨어러블 기기와 SW로 건강 데이터 관리.
　나. 용도: 실시간 심박수, 걸음 수 모니터링.
　다. 제작방법: IoT 센서와 Flutter로 앱 개발.

12. AI 독서 분석 앱
　가. 원리: 텍스트 데이터를 분석해 책의 핵심 내용을 추출.
　나. 용도: 독서 효율성을 높임.
　다. 제작방법: Python의 NLP 라이브러리 활용.

13. 스마트 요리 보조 앱
　가. 원리: 사용 가능한 재료로 레시피 추천.
　나. 용도: 음식 준비 간소화.
　다. 제작방법: Python과 Django로 백엔드 개발.

14. 스마트 관광 가이드 앱

가. 원리: 위치 기반 서비스로 맞춤형 관광 정보 제공.

나. 용도: 관광객을 위한 AR 관광지도.

다. 제작방법: Google Maps API와 ARCore 활용.

15. AI 기반 음악 작곡 앱

가. 원리: GAN(Generative Adversarial Networks)을 활용한 음악 생성.

나. 용도: 창작을 위한 음악 아이디어 제공.

다. 제작방법: Python의 TensorFlow 라이브러리 활용.

16. 실시간 통역 앱

가. 원리: 음성 인식과 번역 기술.

나. 용도: 다양한 언어의 실시간 통역.

다. 제작방법: Google Translate API와 WebRTC 사용.

17. 스마트 피트니스 트레이너 앱

가. 원리: 카메라로 사용자의 운동 자세 분석.

나. 용도: 실시간 운동 코칭.

다. 제작방법: OpenCV와 TensorFlow 활용.

18. AI 기반 심리 상담 플랫폼

가. 원리: 텍스트와 음성을 분석해 사용자 감정 상태를 평가.

나. 용도: 정신 건강 관리.

다. 제작방법: Python과 GPT 모델 사용.

19. 스마트 환경 감시 앱

가. 원리: 센서 데이터를 분석해 실시간 환경 변화 감지.

나. 용도: 대기 질, 온도, 습도 모니터링.

다. 제작방법: IoT 장치와 AWS Lambda 연결.

20. AR 학습 도구 앱

가. 원리: 증강현실로 3D 학습 자료 제공.

나. 용도: 과학, 역사 등 시각적 학습 지원.

다. 제작방법: Unity와 ARKit/ARCore 활용.

21. 스마트 교통 정보 앱
가. 원리: 실시간 교통 데이터를 분석해 최적 경로 추천.

나. 용도: 출퇴근 시 교통 문제 해결.

다. 제작방법: Google Maps API와 Python Flask로 구현.

22. AI 기반 뉴스 필터링 앱
가. 원리: NLP 기술로 사용자의 관심사에 맞는 뉴스 추천.

나. 용도: 정보 과잉 문제 해결.

다. 제작방법: Python의 NLTK와 Django 사용.

23. AI 법률 문서 분석기
가. 원리: 텍스트 분석으로 법률 문서 간소화.

나. 용도: 법률 서비스 개선.

다. 제작방법: GPT와 Hugging Face API 사용.

24. 스마트 이벤트 플래너
가. 원리: 사용자의 일정과 선호도를 기반으로 자동 일정 추천.

나. 용도: 개인 및 그룹 이벤트 계획.

다. 제작방법: React Native와 Firebase 사용.

25. 스마트 헬스케어 챗봇
가. 원리: 의료 데이터와 대화형 AI를 결합.

나. 용도: 간단한 건강 상담 제공.

다. 제작방법: GPT와 Google Dialogflow 활용.

26. AR 공사 계획 도구
가. 원리: AR로 건축 계획 시뮬레이션.

나. 용도: 건축 설계 및 공사 과정 가시화.

다. 제작방법: Unity와 ARKit 활용.

27. AI 기반 재능 매칭 플랫폼
가. 원리: 개인 데이터 분석으로 적합한 직업 추천.

나. 용도: 구직/이직 지원.

다. 제작방법: Python, TensorFlow, Django 사용.

28. 스마트 농업 관리 앱
  가. 원리: IoT 센서와 AI 분석으로 작물 상태 평가.
  나. 용도: 농업 생산성 향상.
  다. 제작방법: Raspberry Pi, Flutter 앱 개발.

29. AI 기반 음성 필사 도구
  가. 원리: 음성을 텍스트로 변환 후 편집 가능.
  나. 용도: 회의록 작성, 강의 필사.
  다. 제작방법: Google Speech-to-Text API 활용.

30. 스마트 도시 데이터 플랫폼
  가. 원리: 공공 데이터 분석으로 스마트 도시 관리.
  나. 용도: 교통, 에너지, 안전 개선.
  다. 제작방법: 대규모 데이터베이스와 머신러닝 모델 개발.

아두이노를 활용한 분야

1. 스마트 화분 시스템
가. 원리: 아두이노와 센서를 이용해 토양 습도, 조도 등을 감지.

나. 용도: 식물 관리 자동화.

다. 제작방법: 아두이노 보드, 토양 습도 센서, 물 펌프, LED를 결합.

2. 자동문 잠금 해제 장치
가. 원리: RFID 카드나 비밀번호 입력으로 잠금 해제.

나. 용도: 출입문 보안 시스템.

다. 제작방법: 아두이노, RFID 리더기, 서보 모터 활용.

3. 스마트 우산 알림기
가. 원리: 날씨 API와 연결하여 비 예보 시 우산 알림.

나. 용도: 우산을 잊지 않도록 도움.

다. 제작방법: 아두이노, Wi-Fi 모듈(ESP8266), 작은 LED 표시기 사용.

4. 자동 조명 제어기
가. 원리: PIR 센서를 통해 움직임을 감지해 조명 제어.

나. 용도: 전기 절약 및 편의성 제공.

다. 제작방법: PIR 센서, 릴레이 모듈, 아두이노 결합.

5. 스마트 우편함 알림기
가. 원리: 초음파 센서로 우편함에 우편물이 들어오면 알림.

나. 용도: 우편물 도착 알림.

다. 제작방법: 초음파 센서와 Wi-Fi 모듈 연결.

6. 스마트 온도 조절 팬
가. 원리: 온도 센서를 통해 자동으로 팬 속도를 조절.

나. 용도: 실내 온도 조절.

다. 제작방법: 온도 센서, 모터 드라이버, DC 팬 사용.

7. 지문 인식 출입 장치
가. 원리: 지문 센서를 통해 특정 사용자의 접근만 허용.

나. 용도: 보안 강화.

다. 제작방법: 지문 인식 센서와 서보 모터 연결.

8. 스마트 거울
가. 원리: LED와 디스플레이를 결합해 정보를 출력.

나. 용도: 날씨, 시간, 뉴스 등 제공.

다. 제작방법: 아두이노, OLED 디스플레이, 적외선 센서 결합.

9. 스마트 알람 시계
가. 원리: 빛과 소리를 조합해 알람 제공.

나. 용도: 아침에 자연스럽게 기상.

다. 제작방법: RTC 모듈, 스피커, LED 스트립 활용.

10. 자동 급식기
가. 원리: 정해진 시간에 서보 모터로 사료 배급.

나. 용도: 반려동물 자동 급식.

다. 제작방법: RTC 모듈, 서보 모터, 사료 용기 조합.

11. 스마트 손 소독기
가. 원리: 초음파 센서로 손을 감지해 소독제 분사.

나. 용도: 비접촉식 손 소독.

다. 제작방법: 초음파 센서, 펌프 모터, 아두이노 결합.

12. 가스 누출 감지 시스템
가. 원리: MQ-2 센서로 가스 누출 감지 후 경고.

나. 용도: 가정 안전 관리.

다. 제작방법: MQ-2 센서, 경보음 장치, 아두이노 사용.

13. 스마트 도어벨
가. 원리: 초인종 누르면 카메라와 알림 전송.

나. 용도: 방문자 확인.

다. 제작방법: 아두이노, 초음파 센서, 카메라 모듈, Wi-Fi 연결.

14. IoT 기반 홈 자동화 시스템

가. 원리: 스마트폰으로 가전 제품 제어.

나. 용도: 홈 자동화.

다. 제작방법: Wi-Fi 모듈, 릴레이 모듈 연결.

15. 자동 물 끓임 알림기

가. 원리: 온도 센서로 물 온도 감지 후 알림.

나. 용도: 물 끓이는 과정 관리.

다. 제작방법: 온도 센서와 버저 결합.

16. 스마트 재활용 분류기

가. 원리: 초음파 및 색상 센서로 재활용품 분류.

나. 용도: 효율적인 재활용.

다. 제작방법: 색상 센서, 서보 모터, 컨베이어 벨트 결합.

17. 스마트 에어 퀄리티 모니터

가. 원리: 공기 중 미세먼지와 CO_2 감지 후 데이터 출력.

나. 용도: 실내 공기 질 관리.

다. 제작방법: 공기 질 센서와 LCD 디스플레이 사용.

18. 스마트 블라인드

가. 원리: 조도 센서를 통해 햇빛에 따라 블라인드 조절.

나. 용도: 자동 채광 조절.

다. 제작방법: 서보 모터와 조도 센서 연결.

19. 스마트 물탱크 모니터링 시스템

가. 원리: 초음파 센서로 물탱크의 수위 감지.

나. 용도: 물 부족 및 넘침 방지.

다. 제작방법: 초음파 센서와 릴레이 모듈 사용.

20. 스마트 자전거 라이트

가. 원리: 움직임 감지와 GPS 데이터로 라이트 작동.

나. 용도: 야간 자전거 안전.

다. 제작방법: 가속도 센서, GPS 모듈, LED 결합.

21. 스마트 모기 퇴치기
    가. 원리: 특정 주파수의 초음파로 모기를 퇴치.
    나. 용도: 야외 모기 퇴치.
    다. 제작방법: 초음파 발생기와 아두이노 결합.

22. 스마트 무드등
    가. 원리: 스마트폰 앱으로 색상 및 밝기 조절.
    나. 용도: 인테리어 조명.
    다. 제작방법: RGB LED와 Bluetooth 모듈 사용.

23. 스마트 쓰레기통
    가. 원리: 초음파 센서로 뚜껑 자동 개폐.
    나. 용도: 위생적인 쓰레기 처리.
    다. 제작방법: 서보 모터, 초음파 센서, 아두이노 활용.

24. 스마트 물분사 정원 관리 시스템
    가. 원리: 토양 습도 센서를 통해 물 분사 자동화.
    나. 용도: 정원 관리.
    다. 제작방법: 물 펌프와 토양 습도 센서 연결.

25. 스마트 문진 열쇠고리
    가. 원리: RFID 기술로 집/차 키 위치 찾기.
    나. 용도: 열쇠 분실 방지.
    다. 제작방법: RFID 태그와 리더기 연결.

26. 스마트 자동 비누 디스펜서
    가. 원리: 초음파 센서로 손을 감지 후 비누 분사.
    나. 용도: 비접촉식 비누 사용.
    다. 제작방법: 펌프 모터와 초음파 센서 결합.

27. 스마트 낚시 알림기
    가. 원리: 낚싯대의 움직임을 가속도 센서로 감지.
    나. 용도: 물고기 입질 알림.
    다. 제작방법: 가속도 센서와 아두이노 결합.

28. 스마트 커튼 제어기

가. 원리: 특정 시간에 따라 자동으로 커튼을 열고 닫음.

나. 용도: 시간대별 채광 조절.

다. 제작방법: 서보 모터와 RTC 모듈 연결.

29. 스마트 LED 알림 시스템

가. 원리: 특정 조건(예: 이메일 수신)에 따라 LED 점등.

나. 용도: 알림 표시.

다. 제작방법: 아두이노, LED, Wi-Fi 모듈 활용.

30. 스마트 온습도 제어 시스템

가. 원리: 온습도 센서를 통해 가습기/히터 제어.

나. 용도: 실내 환경 관리.

다. 제작방법: 온습도 센서와 릴레이 모듈 연결.

Realsoup 영재아카데미

— 교내 발명대회 2회 특강 진행 방식 —

	수업계획	내용	과제
1차시	발명아이디어 탐색 및 설계도 그리기	발명을 위한 아이디어 브레인스토밍 기존 발명품 검색을 통한 검증 발명 설계도 작성 및 발명 제작을 위한 재료 탐색	발명노트를 통해서 발명아이디어 정리하기
2차시	직접 발명품을 만들기	발명품설계한 대로 재료와 함께 만들기 초안 모형 만들고 이후 더 작업을 원할 때 추가 수업 진행 및 외부 작업 추가 진행 가능	추가적으로 보완하고 싶은 부분 더 연구하기

— 시도 및 전국발명대회 특강 진행 방식 —

	수업계획	내용	과제
1차시	기존 발명품 보완 및 탐구 실험하기	교내 대회 이후 교육청대회를 통과한 후 시도대회를 준비할 때 보완사항들을 더 추가해서 전국대회를 준비합니다.	개별적으로 추가적인 내용을 더 보충하고 보완해오면 코칭을 통해서 완성해 갑니다.
2차시	발명품 단계별 만들기 탐구 보고서 작성하기	시도대회 준비를 위해 발명품 보완 및 추가 실험 연구한 것들을 정리하여 보고서를 정리합니다.	개별적으로 추가적인 내용을 더 보충하고 보완해오면 코칭을 통해서 완성해 갑니다.